园林景观设计

SketchUp 2021

从入门到精通

麓山文化　编著

机械工业出版社

本书深入讲解了使用 SketchUp 2021 进行园林景观设计与表现的方法和技巧。全书共 8 章，分为上、下两篇，上篇为软件基础篇（第 1 章~第 3 章），第 1 章介绍了园林景观设计的基础知识，第 2 章介绍了 SketchUp 软件的基础知识，使 SketchUp 新手能够快速熟悉和掌握软件的基本用法，第 3 章通过等典型的园林景观小品，讲解了 SketchUp 常用的建模方法和技巧，以熟练运用前面所学知识；下篇为项目实战篇（第 4 章~第 8 章），通过精选的别墅庭院景观、别墅屋顶花园、道路及站台绿化全模表现、水滨广场及公共绿地景观 5 个大型综合案例，结合 3ds max、VRay 及 Photoshop 软件，详细讲解了各种类型、各种表现手法的园林景观设计方法和技巧。

全书采用"基础讲解+项目实战"的方式编写，以 SketchUp 2021 为主线，全面讲述了 SketchUp 2021 与其他软件完美结合，协作完成手绘、写实、全模、页面动画在内的多种园林景观表现效果的方法与技巧。

本书配套资源除提供了全书所有案例的场景文件、贴图和后期素材外，还赠送了全书的高清语音视频教程，手把手的课堂讲解，可以成倍提高学习兴趣和效率。

本书内容丰富，讲解详尽，所有的知识点均根据不同软件的特点与园林景观设计表现的需求而编排，因此特别适合园林景观专业的学生、设计人员与爱好者阅读，同时也适合大、中专院校相关专业作为园林景观专业教材。

图书在版编目（CIP）数据

园林景观设计 SketchUp 2021 从入门到精通 / 麓山文化编著. -- 北京 : 机械工业出版社，2022.3（2024.1重印）

ISBN 978-7-111-69991-0

Ⅰ. ①园… Ⅱ. ①麓… Ⅲ. ①园林设计－景观设计－计算机辅助设计－应用软件 Ⅳ. ①TU986.2-39

中国版本图书馆 CIP 数据核字(2022)第 007521 号

机械工业出版社（北京市百万庄大街 22 号　邮政编码 100037）

策划编辑：曲彩云　　　责任编辑：曲彩云
责任校对：刘秀华　　　责任印制：任维东

北京中兴印刷有限公司印刷

2024 年 1 月第 1 版第 3 次印刷

184mm×260mm • 19.5 印张 • 480 千字

标准书号：ISBN 978-7-111-69991-0

定价：79.00 元

电话服务　　　　　　　网络服务
客服电话：010-88361066　机 工 官 网：www.cmpbook.com
　　　　　010-88379833　机 工 官 博：weibo.com/cmp1952
　　　　　010-68326294　金 书 网：www.golden-book.com
封底无防伪标均为盗版　　机工教育服务网：www.cmpedu.com

前　言

本书内容

SketchUp 是直接面向设计过程的三维软件，广泛应用于室内、建筑、园林景观以及规划等设计领域中。本书通过精选的工程实际案例，全面介绍以 SketchUp 软件为主体，结合 VRay 与 Photoshop 对园林景观进行设计与表现的方法和技巧。

全书共 8 章，涉及的知识点分布如下：

第 1 章：简明扼要地介绍了园林景观设计的基础知识，包括园林设计概念与分类、原则与发展趋势、构成要素以及中西园林的主要类别与特点。

,第 2 章：全面介绍了 SketchUp 的界面组成、工具栏、特色功能、常用插件以及与 AutoCAD、3ds max 等软件的文件互转。通过学习本章，可以快速掌握 SketchUp 软件的使用，为后面的实例制作打下坚实的软件基础。

第 3 章：精选了 6 个园林小品模型，以熟悉 SketchUp 的操作界面，了解其基本操作方法，快速掌握园林模型的一般创建流程。

第 4 章：别墅庭院景观表现案例，首先讲述了 AutoCAD 图纸整理与分析建模思路的方法，然后着重讲述了别墅庭院建筑模型的创建过程与细化。

第 5 章：别墅屋顶花园实例，首先讲述了屋顶花园模型的创建过程，然后讲解了导入模型至 3ds max 使用 VRay 渲染器进行渲染的方法，最后讲解了使用 Photoshop 快速添加植被绿化，并进行后期处理的方法与技巧。

第 6 章：道路及站台绿化全模表现实例，首先讲述了 SketchUp 创建道路和站台模型的方法，然后讲述了导入模型至 3ds max，进行路灯、车辆、人物以及绿化植物全模效果制作的方法与技巧，最后讲述了通过 Photoshop 进行细节美化的方法。

第 7 章：滨水广场漫游动画实例，首先介绍了通过 SketchUp 创建基本场景的方法，然后重点讲解了动画场景的处理方法与页面漫游动画制作和输出技巧。

第 8 章：公共绿地景观实例，主要讲述了大型园林景观项目的创建流程，学习本章内容，可以掌握大型场景制作的方法与技巧。

读者群体

本书所有案例都是编者根据工程实际设计方案提炼而成，具有极强的实用性，因此通过本书的学习，读者不但可以掌握软件的操作方法，而且能够全面提高园林景观方案的设计与表现能力。

本书特别适合园林景观专业的学生、设计人员与爱好者阅读，同时也适合大、中专院校相关专业作为园林景观专业教材。

本书资源

资源下载

　　本书物超所值，随书附赠素材、视频、模型等资源，扫描"资源下载"二维码即可获得下载方式。

　　读者可以先像看电影一样轻松愉悦地通过教学视频学习本书内容，然后对照本书加以实践和练习，以提高学习效率。

　　由于编者水平有限，书中疏漏之处在所难免。在感谢您选择本书的同时，也希望您能够把对本书的意见和建议告诉我们。

　　读者服务邮箱：lushanbook@qq.com

　　读 者 QQ 群：375559705

麓山文化

目　录

前　言

上篇　软件基础篇

下篇 项目实战篇

第 1 章

园林景观设计概述

随着我国社会的发展，经济的繁荣和人民文化水平的提高，人们对自己所居住、生存的环境表现出越来越普遍的关注，并提出越来越高的要求。作为一门环境艺术，园林设计的目的就是创造出景色如画、环境舒适、健康文明的优美环境。

作为全书的开篇，本章将介绍园林设计的一些基础知识，使读者对园林设计和各式园林的特点和组成有一个大概的了解。

1-1 园林设计概念与分类

园林设计是研究如何应用艺术和技术手段处理自然、建筑和人类活动之间的复杂关系，使其达到和谐完美、生态良好、景色如画之境界的一门学科。园林设计这门学科所涉及的知识面非常广，它包含文学、艺术、生物、生态、工程、建筑等诸多领域。

1.1.1 园林设计概念

园林，就是在一定的地域运用工程技术和艺术手段，通过改造地形（或进一步筑山、叠石、理水）、种植树木花草、营造建筑和布置园路等途径创作而成的、美的自然环境和游憩境域。它包括庭园、宅园、小游园、花园、公园、植物园、动物园等传统园林（见图 1-1），随着园林学科的发展，也包括森林公园、风景名胜区、自然保护区和国家公园的游览区以及休养胜地等新形式园林（见图 1-2）。

按照现代人的理解，园林不只是作为游憩之用，而且具有保护和改善环境的功能。植物可以吸收二氧化碳，放出氧气，净化空气；能够在一定程度上吸收有害气体、吸附尘埃、减轻污染；可以调节空气的温度、湿度，改善小气候；还有减弱噪声和防风、防火等防护作用。尤为重要的是园林在人们心理上和精神上的有益作用，游憩在景色优美和安静的园林中，有助于消除长时间工作带来的紧张和疲乏，使脑力和体力均得到恢复。此外，园林中的文化、游乐、体育、科普教育等活动，更可以丰富知识、充实精神生活。

图 1-1　传统园林

图 1-2　新形式园林

1.1.2 园林的分类

古今中外的园林，尽管内容极其丰富多样，风格也各自不同，但是按照山、水、植物、建筑四者本身的经营和它们之间的组合关系来加以考查，则不外乎以下四种形式：

1. 规整式园林

此种园林的规划讲究对称均齐的严整性，讲究几何形式的构图。建筑物的布局是对称均齐的，即使植物配置和筑山理水也按照中轴线左右均衡的几何对位关系来安排，着重于强调园林总体和局部的图案美，如图 1-3 与图 1-4 所示。

2. 风景式园林

此种园林的规划与前者恰好相反，讲究自由灵活而不拘一格。一种情况是利用天然的山水地貌并加以适当的改造和剪裁，在此基础上进行植物配置和建筑布局，着重于精炼而概括地表现天然风致之美。另一种情况是将天然山水模拟在一个小范围之内，通过"写意"式的再现手法而得到小中见大的园林景观效果。我国的古代园林都属于风景式园林，如图 1-5 与图 1-6 所示。

3. 混合式园林

混合式园林即为规整式与风景式相结合的园林。

图 1-3　规整式园林 1

图 1-4　规整式园林 2

图 1-5　风景式园林 1

图 1-6　风景式园林 2

4. 庭园（院）

庭园（院）是指以建筑物从四面或三面围合成一个空间，在这个比较小而封闭的空间里面点缀山、池，配置植物。庭园（院）与建筑物特别是主要厅堂的关系很密切，可视为室内空间向室外的延伸，如图 1-7 和图 1-8 所示。

图 1-7　中式庭园(院)

图 1-8　日式庭园 (院)

1.2 园林设计的原则与发展趋势

1.2.1 园林设计的原则

适用、经济、美观是园林设计必须遵循的原则。

在园林设计过程中，适用、经济、美观三者之间不是孤立的，而是紧密联系不可分割的整体。单纯地追求适用、经济，不考虑园林艺术的美感，就要降低园林艺术水准，失去吸引力，不受广大群众的喜欢；如果单纯地追求美观，不全面考虑到适用和经济问题，就可能产生某种偏差或缺乏经济基础而导致设计方案成为一纸空文。所以，园林设计工作必须在适用和经济的前提下，尽可能地做到美观，美观必须与适用、经济协调起来，统一考虑，最终创造出理想的园林艺术作品。

1.2.2 园林设计的发展趋势

随着社会的发展，新技术的崛起和进步，园林设计也必须要适应新时代的需要。在城市环境日益恶化的今天，以生态学的原理和实践为依据，将是园林设计的发展趋势。

1. 生态化

近年来，生态化设计一直是人们关心的热点，也是疑惑之点。生态化设计在建筑设计和园林景观设计领域尚处于起步阶段，对其概念的阐释也是各有不同。概括起来，一般包含两个方面：

➢ 用生态学原理来指导设计。

➢ 使设计的结果在对环境友好的同时又满足人类需求。

生态化设计就是继承和发扬传统园林景观设计的经验，遵循生态学的原理，建设多层次、多结构、多功能的科学植物群落，建立人类、动物、植物相关联的新秩序，使其在对环境的破坏影响最小的前提下，达到生态美、科学美、文化美和艺术美的统一，为人类创造清洁、优美、文明的景观环境。

2. 人性化

人性化设计是以人为中心，注意提升人的价值，尊重人的自然需要和社会需要的动态设计哲学。在以人为中心的问题上，人性化的考虑也是有层次的，以人为中心不是片面地考虑个体的人，而是综合地考虑群体的人、社会的人，考虑群体的局部与社会的整体结合，社会效益与经济效益相结合，使社会的发展与更为长远的人类生存环境的发展和谐与统一。因此，人性化设计应该是站在人性的高度上把握设计方向，以综合协调园林设计所涉及的深层次问题。

人性化设计更大程度地体现在设计细节上，如各种配套服务设施是否完善、尺度问题、材质的选择等。近年来，为方便残疾人的轮椅车上下行走及盲人行走，很多城市广场、街心花园都进行了无障碍设计。但目前我国景观设计在这方面仍不够成熟，如有一些过街天桥台阶宽度的设计缺乏合理性，迈一步太小，迈两步不够，不论多大年龄的人走起来都非常费力。另外，一些有一定危险的地方所设的防护栏过低，遇到有大型活动人多相互拥挤时，容易发生危险和不测。

总而言之，在整个园林设计过程中，应始终围绕着以人为本的理念进行每一个细部的规划设计。以人为本的理念不只局限在当前的规划，服务于当代的人类，而且应是长远的、尊重自然的、维护生态的，以切实为人类创造可持续发展的生存空间。

1.3 园林设计构成要素

任何一种艺术和设计学科都具有特殊的、固有的表现方法。园林设计也一样，正是利用这些手法将作者的构思、情感、意图变成舒适优美的环境，供人观赏、游览。

一般来说，园林的构成要素包括五大部分：地形、水体、园林建筑、道路和植物。这五大要素通过有机组合，构成特殊的园林形式，成为表达某一性质、某一主题思想的园林作品。

1.3.1 地形

地形是园林的基底和骨架，主要包括平地、土丘、丘陵、山峦、山峰、凹地、谷地、坞、坪等类型，如图1-9与图1-10所示。地形因素的利用和改造，将影响到园林的形式、建筑的布局、植物配植、景观效果等因素。

图1-9 以平地为基础的园林

图1-10 以山峦为基础的园林

总地来说，地形在园林设计中可以起到如下的作用：

1. 骨架作用

地形是构成园林景观的骨架，是园林中所有景观元素与设施的载体，它为园林中其他景观要素提供了赖以存在的基面。地形对建筑、水体、道路等的选线、布置等都有重要的影响。地形坡度的大小、坡面的朝向也往往决定建筑的选址及朝向。因此，在园林设计中，要根据地形合理地布置建筑、配置树木等。

2. 空间作用

地形具有构成不同形状、不同特点园林空间的作用。地形因素直接制约着园林空间的形成。地块的平面形状、竖向变化等都影响园林空间的状况，甚至起到决定性的作用。如在平坦宽阔的地形上形成的空间一般是开敞空间，而在山谷地形中的空间则必定是闭合空间。

3. 景观作用

作为造园诸要素载体的底界面，地形具有扮演背景角色的作用。如一块平地上的园林建筑、小品、道路、树木、草坪等形成一个个的景点，而整个地形则构成此园林空间各景点要素的共同背景。除此之外，地形还具有许多潜在的视觉特性，通过对地形的改造和组合，形成不同的形状，可以产生不同的视觉效果。

1.3.2 水体

我国园林以山水为特色，水因山转，山因水活。水体能使园林产生很多生动活泼的景观，形成开朗明镜的空间和透景线，如图 1-11 与图 1-12 所示。所以也可以说水体是园林的灵魂。

　　水体可以分为静水和动水两种类型。静水包括湖、池、塘、潭、沼等形态；动水常见的形态有河、湾、溪、渠、涧、瀑布、喷泉、涌泉、壁泉等。另外，水声、倒影等也是园林水景的重要组成部分。水体中还可形成堤、岛、洲等地貌。

　　园林水体在住宅绿化中的表现形式为喷水、跌水、流水、池水等。其中喷水包括水池喷水、旱池喷水、浅池喷水、盆景喷水、自然喷水、水幕喷水等；跌水包括假山瀑布、水幕墙等。

图 1-11　自然水体　　　　　　　　　　　　　　　　　图 1-12　人工水系

1.3.3　园林建筑

　　园林建筑主要指在园林中成景的，同时又为人们赏景、休息或起交通作用的建筑，如园亭、园廊、廊架、雕塑以及张拉膜等，如图 1-13 与图 1-14 所示。园林建筑不论单体或组群，通常是结合地形、植物、山石、水池等组成景点、景区或园中园，它们的形式、体量、尺度、色彩以及所用的材料等，同所处位置和环境的关系特别密切。

　　从园林中所占面积来看，建筑是无法和山、水、植物相提并论的。它之所以成为"点睛之笔"，能够吸引大量的浏览者，就在于它具有其他要素无法替代的、最适合人活动的内部空间，是自然景色的必要补充。

图 1-13　古典园亭　　　　　　　　　　　　　　　　　图 1-14　现代张拉膜

1.3.4　植物

　　植物是园林设计中有生命的题材，是园林构成必不可少的组成部分。植物要素包括各种乔木、灌木、草本花卉和地被植物、藤本攀缘植物、竹类、水生植物等，如图 1-15～图 1-17 所示。

植物的四季景观，本身的形态、色彩、芳香、习性等都是园林的造景题材。

图 1-15　灌木与乔木

图 1-16　花卉

图 1-17　藤蔓植物

1.3.5 广场和道路

广场与道路、建筑的有机组织，对于园林的形成起着决定性的作用。广场与道路的形式可以是规则的，也可以是自然的，或自由曲线流线形的，如图 1-18 与图 1-19 所示。广场和道路系统将构成园林的脉络，并且起到园林中交通组织、联系的作用，如图 1-20 所示。广场和道路有时也归纳到园林建筑元素内。

图 1-18　广场

图 1-19　道路

图 1-20　广场与道路组成的交通网

1.4 中西园林的主要类别与特点

1.4.1 中式园林的主要类别与特点

中式园林有两种比较公认的分类方法：按占有者身份划分以及按地域划分，其划分类别与特点如下：

1. 按占有者身份划分

❑ 皇家园林

皇家园林是专供帝王休息享乐的园林。皇家园林的创建以清代康熙、乾隆时期最为活跃。古人讲普天之下莫非王土，在统治阶级看来，国家的山河都是属于皇家所有的。所以其特点是规模宏大，真山真水较多，园中建筑色彩富丽堂皇，建筑体型高大。现存的著名皇家园林有颐和园、北海公园、避暑山庄，如图 1-21 和图 1-22 所示。

图 1-21 颐和园

图 1-22 承德避暑山庄

❑ **私家园林**

私家园林是供皇家的宗室外戚、王公官吏、富商大贾等休闲的园林。其特点是规模较小，所以常用假山假水，建筑小巧玲珑，表现其淡雅素净的色彩。私家园林以明代建造的江南园林为主要成就，现存的私家园林，有苏州的拙政园、留园、沧浪亭、网狮园，上海的豫园等，如图 1-23 和图 1-24 所示。

图 1-23 拙政园

图 1-24 沧浪亭

2．按所处地域划分

按园林所处地理位置划分可以分为北方园林、江南园林和岭南园林。

❑ **北方园林**

北方园林：因地域宽广，所以范围较大；又因大多为百郡所在，所以建筑富丽堂皇。因自然气象条件所局限，河川湖泊、园石和常绿树木都较少。由于风格粗犷，所以秀丽媚美显得不足。北方园林的代表大多集中在北京、西安、洛阳、开封，如图 1-25 与图 1-26 所示，其中尤以北京为代表，

图 1-25 北京某园林一角

图 1-26 西安某园林主建筑

❑ **江南园林**

江南园林：南方人口较密集，所以园林地域范围小；又因河湖、园石、常绿树较多，所以园林景致较细腻精美。其特点为明媚秀丽、淡雅朴素、曲折幽深，但究竟面积小，略感局促。南方园林的代表大多集中在南京、上海、无锡、苏州、杭州、扬州等地，其中尤以苏州为代表，如图 1-27 所示。

❑ **岭南园林**

岭南园林：因为其地处亚热带，终年常绿，又多河川，所以造园条件比北方、南方都好。其明显的特点是具有热带风光，建筑物都较高而宽敞。现存岭南类型园林，有著名的广东顺德的清晖园、东莞的可园、番禺的余荫山房等，如图 1-28 所示。

图 1-27　苏州园林

图 1-28　岭南园林

1.4.2 西方园林的主要类别与特点

1.　意大利文艺复兴园林

别墅园为意大利文艺复兴园林中最具有代表性的一种类型。别墅园多半建置在山坡地段上，就坡势而做成若干层的台地，即所谓"台地园"（Terrace Garden）。主要建筑物通常位于山坡地段的最高处，在它前面沿山坡而引出的一条中轴线上开辟一层层台地，分别配置平台、花坛、水池、喷泉和雕塑。各层台地之间以蹬道相联系。中轴线两旁栽植黄杨、石松等树丛作为园林本身与周围自然环境的过渡，如图 1-29 所示。站在台地上顺着中轴线的纵深方向眺望，可以看到比较深远的园外借景，这是规整式与风景式相结合而以前者为主的一种园林形式。

意大利文艺复兴园林中还出现一种新的造园手法——绣毯式的植坛（Perterre），即在一块大面积的土地上，利用灌木花草的栽植镶嵌组合成各种纹样图案，好像铺在地上的地毯，如图 1-30 所示。。

图 1-29　典型的意大利台地园

图 1-30　绣毯式的植坛

2．法国古典主义园林

法国多平原，有大片天然植被和大量的河流湖泊，法国人并没有完全接受"台地园"的形式，而是把中轴线对称均齐的规整式园林布局手法运用于平地造园。以凡尔赛为代表的造园风格被称作"勒诺特式"或"路易十四式"，如图1-31与图1-32所示，其在18世纪时风靡全欧洲及至世界各地，德国、奥地利、荷兰、俄国、英国的皇家和私家园林大部分都是"勒诺特式"的，我国圆明园内西洋楼的欧式庭园亦属于此种风格。

图1-31　凡尔赛宫鸟瞰图　　　　　　　　　　　　　　图1-32　凡尔赛广场细节

3．英国自然式风景园林

如茵的草地、森林、树丛与丘陵地貌相结合，构成了英国天然风致的特殊景观，这种优美的自然景观促进了风景画和田园诗的兴盛，而风景画和浪漫派诗人对大自然的纵情讴歌又使得英国人对天然风致之美产生了深厚的感情。

英国的自然式风景园林兴起于18世纪初期。与"勒诺特"风格完全相反，否定纹样植坛、笔直的林阴道、方壁的水池、整形的树木，扬弃了一切几何形状和对称均齐的布局，代之以弯曲的道路，自然式的树丛和草地、蜿蜒的河流，讲究借景和与园外的自然环境的相融合，如图1-33与图1-34所示。

图1-33　英国的自然式风景园林的树丛和草地　　　　　　图1-34　英式园林水系的处理

4．日式园林

日本园林受中国园林的影响很大，在运用风景园的造园手法方面与中国园林是一致的，但结合日本的地理条件和文化传统，也发展了它的独特风格而自成体系，如图1-35与图1-36所示。其园林的类型与特征如下：

池泉筑山庭：平安时期，日本逐渐摆脱对中国文化的直接模仿，着重发展自己的文化，日本是一个岛国，接近海洋而风景秀丽，真正反映日本人民对祖国风致的喜爱和海洋岛屿的感情，具有日本特色的园林也正是这个时期发展起来的，即所谓的池泉筑山庭。

枯山水平庭：13世纪时，从中国传入禅宗和南宗山水画，禅宗的哲理和南宗山水画的写意技法给予日本园林又一次重大影响，使得日本园林呈现极端的写意和富于哲理的趋向，这也是日本园林不同于中国园林的最主要特点，枯山水平庭即此种写意风格的典型。枯山水很讲究置石，主要是利用单块石头本身的造型和它们之间的配列关系。石形务求稳重，底广顶削，不做飞梁悬挑等奇构，也很少堆叠成山，这与我国的叠石很不一样，如图1-37所示。

图1-35 典型的日式庭园细节1

图1-36 典型的日式庭园细节2

茶庭：茶庭的面积比池泉筑山庭小，要求环境安静，便于沉思冥想，故造园设计比较偏重于写意。人们要在庭园内活动，因此用草地代替白沙，草地上铺设石径，散置几块山石并配以石灯和几枝姿态曲折的小树，茶室门前设置石水钵，供客人净水之用。如图1-38所示。

回游式风景园：桂离宫是日本回游式风景园的代表作品，其整体是对自然风景的写实模拟，但就局部而言则又以写意的手法为主。这座园林以大水池为中心，池中布列着一个大岛和两个小岛，显然受中国园林"一池三山"的影响。

图1-37 典型的日式枯山水景观

图1-38 典型的日式茶庭

1.4.3 中西园林的主要区别

1. 人工美与自然美

中、西园林从形式上看其差异非常明显。西方园林所体现的是人工美，不仅布局对称、规则、严谨，就连花草都修整得方方正正，从而呈现出一种几何图案美。从现象上看，西方造园主要是立足于用人工方法改变其自然状态。中国园林则完全不同，既不求轴线对称，也没有任何规则可循，反倒是山环水抱，曲折蜿蜒，不仅花草树木任自然之原貌，即使人工建筑也尽量顺应自然而参差错落，力求与自然融合，以体现自然美。

2. 形式美与意境美

由于对自然美的态度不同，反映在造园艺术上的追求便有所侧重了。西方造园虽不乏诗意，但刻意追求的却是形式美；中国造园虽也重视形式，但倾心追求的却是意境美。

西方人认为自然美有缺陷，为了克服这种缺陷而达到完美的境地，必须凭借某种理念去提升自然美，从而达到艺术美的高度，也就是一种形式美。

中国造园则注重景和情，景自然也属于物质形态的范畴。但其衡量的标准则要看能否借它来触发人的情思，从而具有诗情画意般的环境氛围，即意境。一个好的园林，无论是中国或西方的，都必然会令人赏心悦目，但由于侧重不同，西方园林给我们的感觉是悦目，而中国园林则意在赏心。

第 2 章

SketchUp 2021 快速上手

SketchUp 最初由@Last Software 公司开发，是一款直接面向设计方案创作过程的设计工具。其使用简便并直接面向设计过程，能随着构思的深入不断增加设计细节，因此被形象地比喻为计算机设计中的"铅笔"，目前已经广泛用于室内、建筑、园林景观以及城市规划等设计领域。

本书讲解的是 SketchUp 在园林景观设计的应用，并结合常用的 Vray、Prinesia 以及 Photoshop 软件，完成别墅内庭、屋顶花园、公路绿化、水滨广场、公共绿地、以及小区园林效果表现。本章首先介绍 SketchUp 软件的界面和基本操作，为后面深入的学习打下坚实的基础。

2-1 SketchUp 软件特点

2.1.1 直观的显示效果

在使用 SketchUp 进行设计创作时，可以实现"所见即所得"，设计过程中的任何阶段都可以作为直观的三维成品，并能快速切换不同的显示风格，如图 2-1 与图 2-2 所示。

因此在使用 SketchUp 进行项目创作时，不但可以摆脱传统的绘图方法的烦琐与枯燥，而且能与客户进行更为直接、灵活和有效的交流。

图 2-1　SketchUp 单色阴影显示效果　　　　　　　　图 2-2　SketchUp 纹理阴影显示效果

2.1.2 便捷的操作性

SketchUp 的界面十分简洁，所有的功能都可以通过界面菜单与工具按钮在透视图内直接完成，如图 2-3 与图 2-4 所示。

对于初学者来说，很快即可上手运用。而经过一段时间的练习，成熟的设计师使用鼠标能像拿着铅笔一样灵活，不再受到软件繁杂操作的束缚，而专心于设计的构思与实现。

图 2-3　在 SketchUp 透视图直接创建模型　　　　　　图 2-4　在 SketchUp 透视图直接细化模型

2.1.3 优秀的方案深化能力

SketchUp 三维模型的建立基于最简单的推拉等操作，同时由于其有着十分直观的显示效果，因此使用 SketchUp 可以方便地进行方案的修改与深化，直至完成最终的方案效果，如图 2-5~图 2-8 所示。

图 2-5 创建方案轮廓

图 2-6 细化方案内部细节

图 2-7 深化方案植被细节

图 2-8 最终方案效果

2.1.4 全面的软件支持与互转

SketchUp 虽然俗称"草图大师",但其功能远远不局限于方案设计的草图阶段。SketchUp 不但能在模型的建立上满足建筑制图高精确度的要求,还能完美地结合 VRay、Piranesi 等软件,实现如图 2-9 与图 2-10 所示的多种风格的渲染效果。

图 2-9 VRay 渲染效果

图 2-10 Prianesi 渲染效果

此外 SketchUp 与 AutoCAD、3ds max、Revit 等常用设计软件能进行十分快捷的文件转换互用,满足多个设计领域的需求。

2.1.5 自主的二次开发功能

SketchUp 的使用者可以通过 Ruby 语言进行创建性应用功能的自主开发,通过开发的插件可以全面提升

SketchUp 的使用效率或突出延伸其功能，如图 2-11~图 2-13 所示。

图 2-11 超级推拉插件   图 2-12 圆（倒）角插件   图 2-13 曲面编辑插件

2.2 了解 SketchUp 界面组成

SketchUp 2021 默认工作界面十分简洁，如图 2-14 所示。主要由【标题栏】、【菜单栏】、【工具栏】、【状态栏】、【数值输入框】及【绘图区】等构成。

双击桌面上的 █ 图标首次启动 SketchUp 2021 时，等待数秒就可以看到 SketchUp2021 的用户欢迎界面，如图 2-15 所示。

图 2-14 SketchUp2021 默认工作界面

SketchUp Pro 2021 用户欢迎界面主要有【文件】、【学习】和【许可证】展开按钮，其功能主要如下。

➢ 文件：单击展开【文件】按钮，可以根据绘图任务的需要选择 SketchUp 模板，如图 2-16 所示。模板间最主要的区别是单位的设置，此外显示的风格与颜色上也会有区别。单击【打开文件】按钮，可以在弹出的"打开"对话框中选择需要打开的 SketchUP 文件。

➢ 学习：单击展开【学习】按钮，可从展开的面板中通过链接打开 SketchUP 论坛，或浏览 SketcUP 的教学视频。

➢ 许可证：单击展开【许可证】按钮，可从展开的面板中读取到用户名、授权序列号等正版软件使用信息。

图 2-15　SketchUp 用户欢迎界面　　　　　　图 2-16　SketchUp 模板选择展开选项

2.2.1 菜单栏

SketchUp 2021 菜单栏由【文件】、【编辑】、【视图】、【相机】、【绘图】、【工具】、【窗口】、【扩展程序】（需要安装插件以后才能显示）以及【帮助】9 个主菜单构成，单击这些主菜单可以打开相应的"子菜单"以及"次级子菜单"，如图 2-17 所示。

2.2.2 主工具栏

默认状态下的 SketchUp 2021 仅有横向的【使用入门】工具栏，主要有【绘图】、【建筑施工】、【编辑】、【相机】等工具组按钮。通过执行【视图】/【工具栏】菜单命令，在弹出的【工具栏】选项卡中可以调出或关闭某个工具栏，如图 2-18 所示。

图 2-17　子菜单与次级子菜单　　　　　　　图 2-18　调出其他工具栏

> **技 巧**
>
> 执行【窗口】/【默认面板】/【工具向导】菜单命令，如图 2-19 所示，即可打开工具指导动画面板，观看操作演示，以方便初学者了解工具的功能和用法，如图 2-20 所示。

2.2.3 状态栏

当操作者在绘图区进行任意操作时，状态栏会出现相应的文字提示，根据这些提示，操作者可以更准确地完成操作，如图 2-21 所示。

图 2-19　执行【工具向导】命令

图 2-20　工具指导演示

2.2.4 数值输入框

在进行精确模型创建时，可以通过键盘直接在输入框内输入"长度""半径""角度""个数"等数值，以准确指定所绘图形的大小，如图 2-22 所示。

图 2-21　状态栏内的文字提示

图 2-22　直接输入数值

2.2.5 绘图区

绘图区占据了 SketchUp 工作界面大部分的空间，与 Maya、3ds max 等大型三维软件平面、立面、剖面及透视多视口显示方式不同，SketchUp 为了界面的简洁，仅设置了单视口，通过对应的工具按钮或快捷键可以快速地进行各个视图的切换，如图 2-23 与图 2-24 所示，有效节省系统显示的负载。

而通过 SketchUp 独有的【剖切面】工具，还能快速得到如图 2-25 所示的截面的剖切效果。

图 2-23　俯视图

图 2-24　等轴视图

图 2-25　剖切效果

2-3 掌握 SketchUp 视图与选择操作

本节介绍 SketchUp 视图与选择操作的方法与技巧，熟练掌握这些操作，可以大大提高绘图的效率。

2.3.1 SketchUp 视图操作

在使用 SketchUp 进行方案推敲的过程中，会经常需要通过视图的切换、缩放、旋转、平移等操作，以确定模型的创建位置或观察当前模型的细节效果。

1. 切换视图

SketchUp 主要通过【视图】工具栏 6 个视图按钮进行快速切换，单击某按钮即可切换至相应的视图，如图 2-26~图 2-31 所示。

图 2-26 等轴视图

图 2-27 俯视图

图 2-28 主视图

图 2-29 右视图

图 2-30 后视图

图 2-31 左视图

注意

SketchUp 默认设置为"透视显示"，因此所得到的平面与立面视图都非绝对的投影效果，执行【相机】/【平行投影】菜单命令即可得到绝对的投影视图，如图 2-32~图 2-34 所示

图 2-32 透视显示下的俯视图

图 2-33 调整为平行投影

图 2-34 平行投影下的俯视图

在建立三维模型时，平面视图（俯视图）通常用于模型的定位与轮廓的制作，而各个立面图则用于创建对应立面的细节，等轴视图则用于整体模型的特征与比例的观察与调整。为了能快捷、准确地绘制三维模型，应该多加练习，以熟练掌握各个视图的作用。

2. 环绕观察视图

在任意视图中旋转，可以快速观察模型各个角度的效果，单击【相机】工具栏【环绕观察】按钮 ✦，按住鼠标左键进行拖动，即可对视图进行旋转，如图 2-35~图 2-37 所示。

提示

默认设置下【环绕观察】工具的快捷键为 "o"。此外，按住鼠标滚轮不放拖动鼠标，同样可以进行旋转操作。

3. 缩放视图

通过缩放工具可以调整模型在视图中的显示大小，从而进行整体效果或局部细节的观察，SketchUp 在【相机】工具栏内提供了多种视图缩放工具。

图 2-35 原始角度

图 2-36 旋转角度 1

图 2-37 旋转角度 2

❑ 【缩放】工具

【缩放】用于调整整个模型在视图中大小。单击【相机】工具栏【缩放】按钮 🔍，按住鼠标左键不放，从屏幕下方往上方移动是扩大视图，从屏幕上方往下方移动是缩小视图，如图 2-38~图 2-40 所示。

图 2-38 原模型显示效果

图 2-39 缩小视图

图 2-40 放大视图

技巧

默认设置下【缩放】工具的快捷键为 "Z"。此外，前后滚动鼠标的滚轮，同样可以进行缩放操作。

❑ 【缩放窗口】工具

通过【缩放窗口】可以划定一个显示区域，位于划定区域内的模型将在视图内最大化显示。单击【相机】

工具栏【缩放窗口】按钮🔍，然后在视图中划定一个区域即可进行缩放，如图 2-41~图 2-43 所示。

图 2-41　原模型显示效果　　　　　图 2-42　划定缩放窗口　　　　　图 2-43　窗口缩放效果

技 巧

【缩放窗口】工具默认快捷键为"Ctrl+Shift+W"。

❑　【充满视窗】工具

【充满视窗】工具可以快速地将场景中所有可见模型以屏幕的中心为中心进行最大化显示。其操作步骤非常简单，单击【相机】工具栏【充满视窗】按钮✖️即可，如图 2-44 与图 2-45 所示。

图 2-44　原视图　　　　　　　　　　　　　　图 2-45　充满视窗显示

技 巧

【充满视窗】工具默认快捷键为"Shift+Z"或"Ctrl+Shift+E"。

4．平移视图

【平移】工具可以保持当主视图内模型显示大小比例不变，整体拖动视图进行任意方向的调整，以观察到当前未显示在视窗内的模型。单击【相机】工具栏【平移】按钮✋，当视图中出现抓手图标时，拖动鼠标即可进行视图的平移操作，如图 2-46~图 2-48 所示。

图 2-46　原视图　　　　　　　图 2-47　向左平移视图　　　　　　图 2-48　向上平移视图

技 巧

默认设置下【平移】工具的快捷键为"H"。此外，按住 Shift 键同时按住滚动鼠标进行拖动，同样可以进行平移操作。

5. 撤销、返回视图工具

在进行视图操作时，难免出现误操作，使用【相机】工具栏【上一个】按钮![icon]，可以进行视图的撤销与返回，如图 2-49~图 2-51 所示。

图 2-49 当前视图

图 2-50 返回上一视图

图 2-51 返回原视图

6. 设置视图背景与天空颜色

默认设置下 SketchUp 视图的天空与背景颜色如图 2-52 所示，不同的使用者可以根据个人喜好进行两者颜色的设置，具体方法如下：

☐1 执行【窗口】|【默认面板】|【样式】命令，弹出【样式】设置面板。在【样式】面板选择【编辑】选项卡，如图 2-53 所示。

☐2 单击【背景】图标，即可单击各色块进行背景颜色的调整，参数设置如图 2-54 所示。

图 2-52 默认天空与背景

图 2-53 选择【编辑】选项卡

图 2-54 设置背景颜色

☐3 单击【天空】设置图标，即可单击各色块进行天空颜色的调整，设置参数如图 2-55 所示。

☐4 调整【背景】与【天空】颜色的结果如图 2-56 所示。

☐5 在绘图区中观察调整颜色后的背景与天空，效果如图 2-57 所示。

图 2-55　设置参数　　　　　图 2-56　调整结果　　　　　图 2-57　调整颜色后的背景与天空

2.3.2 SketchUp 对象的选择

SketchUp 是一个面向对象的软件，即首先创建简单的模型，然后再选择模型进行深入细化等后续工作，因此在工作中能否快速、准确地选择到目标对象，对工作效率有着很大的影响。SketchUp 常用的选择方式有一般选择、框选与叉选、扩展选择三种。

1.　一般选择

SketchUp 中【选择】命令可以通过单击工具栏选择按钮 ，或直接按空格键激活，下面以实例操作进行说明。

01　启动 SketchUp 后并执行【文件】｜【打开】命令，如图 2-58 所示。打开配套资源"第 02 章|2.3.2 对象选择.skp"模型，本实例为一个欧式大门模型，如图 2-59 所示。

02　单击选择按钮 ，或直接按空格键，激活【选择】工具，此时在视图内将出现一个"箭头"图标，如图 2-59 所示。

03　此时在任意对象上单击均可将其选中，这里选择中部的门页，观察视图可以看到被选择的对象以高亮显示，以区别于其他对象，如图 2-60 所示。

图 2-58　打开组件　　　　　图 2-59　启用【选择】工具　　　　　图 2-60　单击选择门页组件

注　意

SketchUp 中最小的可选择单位为"线"，其次分别是"面"与"组件"，资源中"对象选择"文件中模型均为"组件"，因此无法直接选择到"面"或"线"。但如果选择"组件"并执行鼠标右键快捷菜单中的"炸开模型"命令，如图 2-61 所示，然后再选择，即可以选择到"面"或"线"，如图 2-62 与图 2-63 所示。

图 2-61 炸开模型　　　　　　　　图 2-62 选择模型面　　　　　　　　图 2-63 选择模型线

04 在选择了一个目标对象后，如果要继续选择其他对象，则首先要按住 Ctrl 键不放，待视图中的光标变成 ↖+ 时，再单击下一个目标对象，即可将其加入选择，如图 2-64 与图 2-65 所示。

05 如果误选了某个对象而需要将其从选择范围中去除时，可以按住"Ctrl+Shift"键不放，待视图中的光标变成 ↖− 时，单击误选对象即可将其进行减选，如图 2-66 所示。

图 2-64 选择左侧铁门　　　　　　图 2-65 加选右侧铁门　　　　　　图 2-66 减选左侧铁门

06 如果单独按住 Shift 键不放，待视图中的光标变成 ↖⇄ 时，单击当前已选择的对象，则将自动进行减选，如图 2-67 与图 2-68 所示。单击当前未选择的对象则自动进行加选，如图 2-69 所示。

> **注 意**
>
> 进行减选时，不可直接单击组件黄色高亮的范围框，而需单击模型表面方能成功进行减选。

图 2-67 选择左右两侧铁门　　　　图 2-68 减选左侧铁门　　　　　　图 2-69 加选右侧门柱

2. 框选与叉选

以上介绍的选择方法均为单击鼠标完成，因此每次只能选择单个对象，而使用【框选】与【叉选】，可以一次性选择多个对象。

【框选】是指在激活【选择】工具后，使用鼠标从左至右划出实线选择框，如图 2-70 与图 2-71 所示，被该选择框完全包围的对象则将被选择，如图 2-72 所示。

图 2-70　未选择状态

图 2-71　划出实线选择框

图 2-72　框选后选择效果

【叉选】是指在激活【选择】工具后，使用鼠标从右至左划出虚线选择框，如图 2-73 与图 2-74 所示。与该选择框有交叉的对象都将被选择，如图 2-75 所示。

图 2-73　未选择状态

图 2-74　划出虚线选择框

图 2-75　叉选后选择效果

技 巧

1）选择完成后，单击视图任意空白处，将取消当前所有选择；

2）按 Ctrl+A 键将全选所有对象，无论是否显示在当前的视图范围内；

3）上一节所讲述的加选与减选的方法对于【框选】与【叉选】同样适用。

3．扩展选择

在 SketchUp 中，"线" 是最小的可选择单位，"面" 则是由 "线" 组成的基本建模单位，通过扩展选择，可以快速选择关联的面或线。

单击某个 "面"，这个面就会被单独选择，如图 2-76 所示。

双击某个 "面"，则与这个面相关的 "线" 同时也将被选择，如图 2-77 所示。

三击某个 "面"，则与这个面相关的其他 "面" 与 "线" 都将被选择，如图 2-78 所示。

图 2-76　单击选择面

图 2-77　双击选择面与相关的 "线"

图 2-78　三击选择所有关联面

此外在选择对象上单击右键，可以通过弹出快捷菜单进行关联的"边线""面"或其他对象的选择，如图 2-79~图 2-81 所示。

图 2-79 选择其中一个模型面

图 2-80 选择关联边线菜单命令

图 2-81 对应选择关联边线

2.4 掌握 SketchUp 工具栏

2.4.1 显示工具栏

SketchUp 默认的工作界面如图 2-82 所示，可以看到其显示的工具栏十分有限。此时执行【视图】/【工具栏】菜单命令，然后选择对应的工具栏名称，即可显示与隐藏相关的工具栏，如图 2-83 所示。

重复以上操作，逐步显示【标准】【视图】【样式】工具栏以及【常用】【绘图】【编辑】【相机】【漫游】横向工具栏，调整工作界面工具栏显示如图 2-84 所示。

接下来将逐一介绍工具栏的使用方法与技巧，读者在学习完本节内容后，即可掌握 SketchUp 的工具使用。

图 2-82 SketchUp 默认的工作界面

图 2-83 显示/隐藏工具栏

图 2-84 调整后的工具栏

2.4.2 标准工具栏

SketchUp【标准】工具栏如图 2-85 所示，包含了【新建】【打开】【保存】【剪切】【复制】【粘贴】【擦除】【撤消】【重做】【打印】以及【模型信息】共 11 个功能按钮。

1．新建

单击该按钮可新建 SketchUp 空白文档。

2．打开

单击该按钮将弹出【打开】面板，如图 2-86 所示，此时选择目标文件进行双击即可找开。

图 2-85 SketchUp【标准】工具栏

3. 保存

单击该按钮将弹出【另存为】面板，如图 2-87 所示，此时设置好文件保存路径与文件名，然后单击右下角的【保存】按钮即可将当前文件进行保存。

图 2-86 【打开】面板   图 2-87 【另存为】面板

4. 剪切与粘贴

选择目标对象单击【剪切】按钮，可以将目标对象暂时剪切出场景，如图 2-88 与图 2-89 所示，然后单击【粘贴】按钮即可将目标对象粘贴至其他位置，如图 2-90 所示。

图 2-88 选择小狗

图 2-89 单击"剪切"按钮

图 2-90 单击"粘贴"按钮

5. 复制

选择目标对象单击【复制】按钮，如图 2-91 所示，然后单击【粘贴】按钮，即可将复制的目标对象粘贴至其他位置，如图 2-92 所示。

6. 删除

选择目标对象单击【擦除】按钮，即可将目标对象从场景中擦除，如图 2-93 与图 2-94 所示。

图 2-91　单击 "复制" 按钮　　图 2-92　单击 "粘贴" 按钮　　图 2-93　单击 "擦除" 按钮　　图 2-94　擦除完成

7. 撤消与重做

当对场景中的对象进行复制（移动、旋转等）操作后，如图 2-95 与图 2-96 所示，单击【撤消】按钮可以将场景返回操作前的状态，如图 2-97 所示，返回后单击【重做】按钮，则可以将场景返回到操作后的状态，如图 2-98 所示。

图 2-95　场景默认效果　　图 2-96　复制人物　　图 2-97　单击 "撤消" 按钮　　图 2-98　单击 "重做" 按钮

8. 打印

单击【打印】按钮将弹出【打印】面板，如图 2-99 所示，通过该面板可以设置打印机、打印尺寸、打印方式等内容。

9. 用户设置

单击【模型信息】按钮，将弹出【模型信息】面板，如图 2-100 所示，通过该面板可以设置场景单位等参数。

图 2-99　【打印】面板　　　　　　　图 2-100　【模型信息】面板

2.4.3 样式工具栏

单击【样式】工具栏各个按钮，可以快速切换不同的显示模式，以满足不同的观察要求。该工具栏从左至右分别为【X光透视模式】、【后边线】、【线框显示】、【消隐显示】、【阴影显示】、【材质贴图显示】以及【单色显示】7种显示模式，如图2-101所示。

图 2-101　SketchUp【样式】工具栏

1.　X光透视模式显示模式

在进行室内或建筑等设计时，有时需要直接观察室内构件以及配饰等效果，此时单击【X光透视模式】按钮![icon]，即可马上实现如图2-102与图2-103所示的显示效果，不用隐藏任何模型，即可快速观察到内部结构与设施。

2.　后边线显示模式

【后边线】是一种附加的显示模式，单击该按钮，可以在当前显示效果的基础上以虚线的形式显示模型背面无法观察的直线，如图2-104所示。但在当前为【X光透视模式】与【线框显示】显示效果时，该附加显示无效。

图 2-102　X光透视模式与纹理混合显示　　图 2-103　X光透视模式与单色混合显示

图 2-104　后边线显示

3.　线框显示模式

【线框显示】是SketchUp最节省系统资源的显示模式，其效果如图2-105所示。在该种显示模式下，场景中所有对象均以实直线显示，材质、纹理等效果也将暂时失效。在进行视图的缩放、平移等操作时，大型场景最好能切换到该模式，可以有效避免卡屏、迟滞等现象。

4.　消隐显示模式

【消隐】模式将仅显示场景中可见的模型面，此时大部分的材质与纹理会暂时失效，仅在视图中体现实体与透明的材质区别，因此是一种比较节省资源的显示方式，如图2-106所示。

5. 阴影显示模式

【阴影】是一种介于【消隐】与【材质纹理】之间的显示模式,该模式在可见模型面的基础上,根据场景已经赋予的材质,自动在模型面上生成相近的色彩,如图2-107所示。在该模式下,实体与透明的材质区别也有所体现,因此显示的模型空间感比较强烈。

图2-105 线框显示　　　　图2-106 消隐显示　　　　图2-107 阴影显示

技巧

如果场景模型没有指定任何材质,则在【阴影】模式下模型仅以黄、蓝两色表明模型的正反面。

6. 材质贴图显示模式

【材质贴图】是SketchUp中最全面的显示模式,该模式下材质的颜色、纹理及透明效果都将得到完整的体现,如图2-108所示。

7. 单色显示模式

【单色显示】是一种在建模过程中经常使用到的显示模式,该种模式用纯色显示场景中的可见模型面,以黑色实线显示模型的轮廓线,在较少占用系统资源的前提下,有十分强的空间立体感,如图2-109所示。

图2-108 材质贴图显示　　　　　　　　图2-109 单色显示

技巧

【材质贴图】显示模式十分占用系统资源,因此该模式通常用于观察材质以及模型整体效果,在建立模式、旋转、平衡视图等操作时,则应尽量使用其他模式,以避免卡屏、迟滞等现象。此外,如果场景中模型没有赋予任何材质,该模式将无法应用。

2.4.4 绘图工具栏

SketchUp 2021【绘图】工具栏如图 2-110 所示，包含了【矩形】工具、【直线】工具、【圆】工具、【圆弧】工具、【多边形】工具和【手绘线】工具等 10 种二维图形绘制工具。

图 2-110 SketchUp【绘图】工具栏

在 SketchUp 中，三维模型都是通过"二维转三维"的步骤建立而成，即先创建平面图纸，然后通过推/拉、路径跟随等操作制作三维实体。因此，绘制出精确的二维平面图形是最终建好三维模型的前提。接下来便开始学习【绘图】工具栏中各个二维绘图工具的使用方法与技巧。

2.4.5 矩形创建工具

矩形创建工具通过两个对角点的定位生成规则的矩形，绘制完成将自动生成封闭的矩形平面。【旋转矩形】工具 ▨ 主要通过指定矩形的任意两条边和角度，即可绘制任意方向的矩形。单击【绘图】工具栏 ▨/▨ 或执行【绘图】|【形状】|【矩形】、【旋转长方形】，均可启用该命令。

接下来，将通过【矩形】、【旋转矩形】工具详细地讲述在 SketchUp 中创建图形的各种方法与技巧。对于其他绘图工具的使用方法则不再详细讲述。

技 巧

【矩形】创建工具的默认快捷键为"R"。

1. 通过鼠标新建矩形

01 启用【矩形】绘图命令，待光标变成 ✐ 时在绘图区单击，确定矩形的第一个角点，然后向任意方向拖动鼠标以确定第二个角点，如图 2-111 所示。

02 确定好第二个角点位置后再单击即绘制完矩形。要注意的是，绘制完成后 SketchUp 会自动将其生成一个等大的矩形平面，如图 2-112 所示。

2. 通过输入新建矩形

在没有参考图纸可供捕捉时，直接使用鼠标将难以完成准确尺寸的矩形的绘制。此时便需要结合输入的方法进行精确图形的绘制，其操作步骤如下：

01 启用【矩形】绘图命令，待光标变成 ✐ 时在绘图区单击确定矩形的第一个角点，然后在尺寸标注内输入长宽的数值，注意中间要使用逗号进行分隔，如图 2-113 所示。

02 输入完长宽数值后，按 Enter 键进行确认，即可生成准确大小的矩形，如图 2-114 所示。

图 2-111 绘制矩形

图 2-112 自动生成矩形平面

尺寸 4200,3000

图 2-113 输入长宽数值

图 2-114 生成准确大小的矩形

3. 绘制任意方向上的矩形

SketchUp 2021 的旋转矩形工具 能在任意角度绘制离轴矩形（并不一定要在地面上），这样可以方便地绘制图形，节省大量的绘图时间。

01 调用【旋转长方形】绘图命令，待光标变成 时，在绘图区单击确定矩形的第一个角点，然后拖拽光标至第二个角点，确定矩形的长度，然后将鼠标往任意方向移动，如图 2-115 所示。

02 找到目标点后单击，完成矩形的绘制，如图 2-116 所示，重复命令操作绘制任意方向矩形，如图 2-117 所示。

图 2-115 捕捉角点绘制矩形

图 2-116 完成矩形的绘制

图 2-117 绘制任意方向矩形

4. 绘制空间内的矩形

除了可以绘制轴方向上的矩形，SketchUp 还允许用户直接绘制处于空间任何平面上的矩形，具体方法如下：

01 启用【旋转矩形】绘图命令，待光标变成 时，移动鼠标确定矩形第一个角点在平面上的投影点。

02 将鼠标往 Z 轴上方移动，同时按 Shift 键锁定轴向确定空间内的第一个角点，如图 2-118 所示。

03 确定空间内第一个角点后，即可自由绘制空间内平面或立面矩形，如图 2-119 与图 2-120 所示。

图 2-118 确定空间第一个角点　　　图 2-119 绘制空间内平面矩形　　　图 2-120 绘制空间内立面矩形

技巧

如果当鼠标放置于某个"面"上并出现"在平面上"的提示后，按住 Shift 键不但可以进行轴向的锁定，还可以将所要画的点或其他图形锁定在该表面内进行创建。

5. 锁定表面法线绘制空间内的矩形

利用键盘上的方向键，可以锁定绘制方向，从而创建空间内的矩形。

01 启用【矩形】绘图命令，按键盘上的 ↑ 键，锁定蓝轴。单击指定起点与对角点绘制矩形，如图 2-121 所示。

02 在合适的位置单击，绘制矩形如图 2-122 所示。

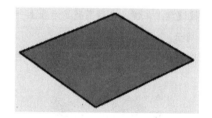

图 2-121 锁定蓝轴绘制矩形　　　　　　　　　　图 2-122 绘制矩形效果

03 按键盘上的 ← 键，锁定绿轴。光标置于矩形的右下角点，指定新的端点，如图 2-123 所示。

04 向左移动矩形，指定另一端点，如图 2-124 所示。

图 2-123 锁定绿轴绘制矩形　　　　　　　　　图 2-124 指定另一端点

05 向上移动鼠标，指定第三个端点，如图 2-125 所示。

06 在合适的位置单击，绘制矩形如图 2-126 所示。

07 按键盘上的 → 键，锁定红轴。依次指定端点，如图 2-127 所示。

08 调整视图方向，查看绘制矩形的效果，如图 2-128 所示。

图 2-125　指定第三个端点

图 2-126　绘制矩形效果

图 2-127　锁定红轴绘制矩形

图 2-128　绘制矩形效果

09 按键盘上↓键，自动高亮显示在上一步骤中所绘制的矩形。同时切换绘制方向，与亮显的矩形平行，如图 2-129 所示。

10 指定角点，绘制平行矩形的结果如图 2-130 所示。

图 2-129　锁定指定平面绘制平行矩形

图 2-130　绘制平行矩形效果

2.4.6 直线创建工具

在 SketchUp 中，"线"是模型的最小构成元素。因此，【直线】工具的功能十分强大，除了能使用鼠标直接进行绘制外，还能通过尺寸、坐标点进行精确绘制，此外还具有十分强大的捕捉与追踪功能。单击【绘图】工具栏中的 ∕ 按钮或执行【绘图】|【直线】|【直线】菜单命令均可启用该工具。

技 巧

【直线】创建工具默认的快捷键为"L"。

1. 直线的捕捉与追踪功能

默认状况下的 SketchUp 捕捉与追踪都已经设置好，在绘图的过程中可以直接运用以提高绘图的准确度与工作效果。

捕捉即利用鼠标自动定位到图形的端点、中点、交点等特殊几何点。在 SketchUp 中可以自动捕捉到线段的端点与中点，如图 2-131 与图 2-132 所示。

图 2-131　捕捉线段端点

图 2-132　捕捉线段中点

> **注 意**
>
> 相交线段在交点处将一分为二，因此线段中点的位置与数量会如图 2-133 所示发生改变，同时也可以如图 2-133 与图 2-134 所示进行分段删除。此外，如果其中一条相交线段删除完成，则另外一条线段将恢复原状，如图 2-135 所示。

图 2-133　选择右侧线段删除

图 2-134　选择左侧线段删除

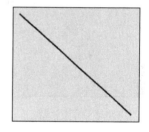

图 2-135　恢复单条线段

此外，将鼠标放置到直线的中点或端点，然后在垂直或水平方向上移动鼠标即可进行追踪。通过对直线端点与中点的跟踪，可以轻松的绘制出长度为其一半且与之平行的另一条线段，如图 2-136~图 2-138 所示。

图 2-136　跟踪起点　　　　　　图 2-137　跟踪中点　　　　　　图 2-138　绘制完成

2. 线段的拆分功能

在 SketchUp 中可以对线段进行快捷的拆分操作，具体的步骤如下：

01 选择创建好了的线段，单击鼠标右键选择【拆分】命令，如图 2-139 所示。

02 默认将线段拆分为 2 段，如图 2-140 所示；向上轻轻推动鼠标即可逐步增加拆分段数，如图 2-141 所示。

图 2-139　选择【拆分】命令　　　　图 2-140　将线段拆分为 2 段　　　　图 2-141　将线段拆分为 3 段

2.4.7 圆形工具

1. 圆形工具

圆形广泛应用于各种设计，单击 SketchUp【绘图】工具栏中的 按钮，或执行【绘图】|【形状】|【圆】菜单命令均可启用该工具，绘制方法如下。

技 巧

【圆】创建工具的默认快捷键为 "C"。

01 启用【圆】绘图命令，待光标变成 时，在绘图区单击确定圆心位置，如图 2-142 所示。

02 拖动鼠标拉出圆形的半径后，再次单击即可创建出圆形平面，图 2-143 与图 2-144 所示。

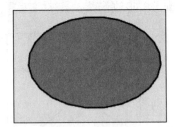

图 2-142　确定圆心位置　　　　图 2-143　拖动鼠标拉出圆形的半径　　　　图 2-144　创建的圆形平面

技 巧

在三维软件中，【圆】除了【半径】这个几何特征外，还有【边数】的特征。【边数】越大【圆】越平滑，所占用的内存也越大，在 SketchUp 中亦是如此。在 SketchUp 中，如果要设置【边数】，则在确定好【圆心】后输入 "数量 S" 即可控制，如图 2-145~图 2-147 所示。

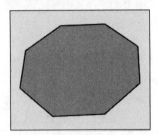

图 2-145　确定圆心　　　　图 2-146　输入圆形边数　　　　图 2-147　绘制的指定边数的圆形

注 意

三维视图内的立面以及空间圆形的绘制，读者可参考【矩形】一节中的内容，本节就不再赘述。

2. 圆弧工具

【圆弧】虽然只是【圆】的一部分，但其可以绘制更为复杂的曲线，因此在使用与控制上更有技巧性。单击【绘图】工具栏中的 ⬡ 按钮或执行【绘图】/【圆弧】菜单命令均可启用该工具。

01 启用【圆弧】绘图命令，待光标变成 ✐ 时在绘图区单击确定圆弧起点，如图 2-148 所示。

注 意

【圆弧】创建工具的默认快捷键为 "A"。

02 拖动鼠标拉出圆弧的弦长后再次单击，往左或右拉出凸距即可创建相应的圆弧，如图 2-149 与图 2-150 所示。

图 2-148　确定圆弧起点　　　　图 2-149　拉出圆弧高度　　　　图 2-150　圆弧绘制完成

技 巧

如果要绘制半圆弧段，则需要在拉出弧长后往左或右移动鼠标，待出现"半圆"提示时再单击确定，如图 2-151~图 2-153 所示。

图 2-151　确定圆弧起点　　　　图 2-152　确定绘制半圆　　　　图 2-153　半圆绘制完成

技 巧

如果要绘制与已知图形相切的圆弧，则首先需要保证圆弧的起点位于某个图形的端点外，然后移动光标拉出凸距，当出现"在顶点处相切"的提示时单击确定，即可创建相切圆弧，如图 2-154~图 2-156 所示。

图 2-154　确定圆弧起点　　　　图 2-155　确定在顶点处相切　　　　图 2-156　相切圆弧绘制完成

3. 其余三种圆弧工具

默认的 2 点弧形工具 ⬡ 允许用户选取两个终点，然后选取第三个点来定义"凸出部分"。【圆弧】工具 ⌐ 则通过先选取弧形的中心点，然后在圆周上指定两个边缘端点，根据其角度绘制弧形，如图 2-157 所示。【扇形】工具 以同样的方式运行，但生成的是一个楔形面，如图 2-158 所示。【3 点画弧】工具 则通过选取圆周上的 3 个点来绘制弧形，如图 2-159 所示。

图 2-157　通过角度绘制圆弧　　　　图 2-158　【扇形】工具　　　　图 2-159　选取圆周上 3 点绘制画弧

2.4.8 多边形工具

在 SketchUp 中使用【多边形】工具可以绘制边数在 3~100 间的任意正多边形，单击【绘图】工具栏中的 按钮或执行【绘图】/【多边形】菜单命令均可启用该工具。接下来以绘制正 12 多边形为例讲解该工具的使用方法。

01　启用【多边形】绘图命令，待光标变成 时，在绘图区单击确定中心位置，如图 2-160 所示。

02　移动鼠标确定【多边形】的切向，输入 "12S" 并按 Enter 键，确定多边形的边数，如图 2-161 所示。

图 2-160　确定多边形中心位置　　　　　　　图 2-161　输入多边形边数

03　再输入【多边形】内切圆的半径大小并按 Enter 键确定，创建精确大小的正 12 边形平面，如图 2-162 与图 2-163 所示。

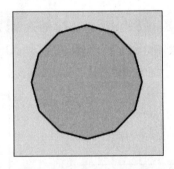

图 2-162　输入内切圆半径　　　　　　　图 2-163　绘制完成的正 12 边形

技巧

【多边形】与【圆】之间可以进行相互转换，如图 2-164~图 2-166 所示当【多边形】的边数较大时，整个图形十分圆滑，此时就接近于圆形的效果。同样，当【圆】的边数设置得较小时，其形状也会变成对应边数的【多边形】。

图 2-164　正 5 边形

图 2-165　正 24 边形

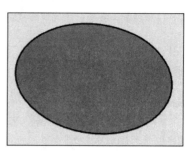

图 2-166　圆形

2.4.9 手绘线工具

SketchUp 中的【手绘线】工具用于绘制凌乱的、不规则的曲线平面。单击【绘图】工具栏中的 ⌇ 按钮或执行【绘图】|【直线】|【手绘线】菜单命令均可启用该工具，其常用方法如下：

01 启用【多边形】绘图命令，待光标变成时 🖊 在绘图区单击确定绘制起点（此时应保持左键为按状态），如图 2-167 所示。

02 任意移动鼠标创建所需要的曲线，通常最终会如图 2-168 所示移动至起点处进行闭合以生成不规则的面，如图 2-169 所示。

图 2-167　确定绘制起点

图 2-168　创建所需要的曲线

图 2-169　生成不规则的面

2.4.10 编辑工具栏

SketchUp【编辑】工具栏如图 2-170 所示，包含了【移动】【推/拉】【旋转】【路径跟随】【缩放】以及【偏移】共 6 种工具。其中【移动】【旋转】【缩放】和【偏移】四个工具用于对象位置、形态的变换与复制，而【推/拉】【路径跟随】两个工具则用于将二维图形转变成三维实体。

1. 移动工具

【移动】工具不但可以进行对象的移动，同时还兼具复制功能。单击【编辑】工具栏 ✥ 按钮或执行【工具】/【移动】菜单命令均可启用编辑命令。

图 2-170　【编辑】工具栏

【移动】工具默认快捷键为"M"。

❏ **移动对象**

01 打开配套资源"第 02 章\2.4.10.1 移动原始.skp"模型,如图 2-171 所示,其为一个树木组件。

02 先选择模型,再启用【移动】工具,待光标变成 ✛ 时,在模型上单击确定移动起始点,再拖动鼠标即可在任意方向移动选择对象,如图 2-172 所示。

03 将光标置于移动目标点,再次单击鼠标,即完成对象的移动,效果如图 2-173 所示。

图 2-171　打开树木模型　　　　图 2-172　在 X 平面上移动　　　　图 2-173　移动完成效果

技 巧

如果要进行精确距离的移动,可以在确定移动方向后直接输入精确的数值,然后再按"Enter 键"确定即可。

❏ **移动复制对象**

使用【移动】工具也可以进行对象复制,具体的操作如下:

01 选择目标对象,启用【移动】工具,如图 2-174 所示。

02 按住 Ctrl 键,待光标变成 ✛ 形状时再确定移动起始点,此时拖动鼠标可以进行移动复制,如图 2-175~图 2-176 所示。

03 如果要进行精确距离的移动复制,可以在确定移动方向后输入移动距离数值,如图 2-177 所示,然后按 Enter 键确定即可,如图 2-178 所示。

04 在进行移动复制后,还可以以"个数 X"的形式输入复制数目,然后再次按 Enter 键确定,进行快速多重复制,如图 2-179 所示。

图 2-174　打开树木组件模型　　　　图 2-175　移动复制　　　　图 2-176　移动复制完成

图 2-177　输入移动距离数值　　　　图 2-178　移动完成　　　　图 2-179　进行快速多重复制

05 此外，也可以首先确定移动复制首尾对象的距离，然后以"个数/"的形式输入复制数目，并再次按 Enter 键确定，进行快速多重复制，如图 2-180 与图 2-181 所示。

图 2-180　确定移动复制首尾对象的距离　　　图 2-181　输入复制数目　　　图 2-182　移动复制三维模型中的面

注　意

对于三维模型中的"面"，使用【移动】工具进行移动复制同样有效，如图 2-182 所示。

2．旋转工具

【旋转】工具用于对象的旋转，同时也可以完成复制。单击【编辑】工具栏 ⟳ 按钮或执行【工具】/【旋转】菜单命令均可启用该命令。

技　巧

【旋转】工具默认快捷键为 Q。

❑　**旋转对象**

01 打开配套资源"第 2 章\2.4.10.2 旋转原始.skp"模型，如图 2-183 所示。

02 选择模型，再启用【旋转】工具，待光标变成 ⟳ 形状时，拖动鼠标确定旋转平面，然后再在模型表面确定旋转轴心点与轴心线，如图 2-184 所示。

03 拖动鼠标即可进行任意角度的旋转，如果要进行精确旋转，可以观察数值框数值或可以直接输入旋转度数，确定角度后再次单击，即可完成旋转，如图 2-185 所示。

图 2-183　打开模型

图 2-184　确定旋转轴心点与轴心线

图 2-185　完成旋转

技巧

启用【旋转】工具后，按住鼠标左键不放，往不同方向拖动将产生不同的旋转平面，从而使目标对象产生不同的旋转效果。

其中当旋转平面显示为蓝色时，对象将以 Z 轴为轴心进行旋转，如图 2-184 所示；而显示为红色或绿色时，将分别以 Y 轴或 X 轴为轴心进行旋转，如图 2-186 与图 2-187。

如果以其他位置作为轴心，则以灰色显示，如图 2-188 所示。

图 2-186　以 Y 轴为轴心进行旋转

图 2-187　以 X 轴为轴心进行旋转

图 2-188　以其他位置为轴心

□　**旋转部分模型**

除了对整个模型对象进行旋转外，还可以对表面已经分割好的模型进行部分旋转，具体操作如下：

01 选择模型对象需要旋转的部分表面，确定好旋转平面，并将轴心点与轴心线确定在分割线端点，如图 2-189 所示。

02 拖动鼠标确定旋转方向，然后直接输入旋转角度，按 Enter 键确定完成一次旋转，如图 2-190 所示。

03 选择最上方的"面"，重新确定轴心点与轴心线，再次输入旋转角度并按 Enter 键完成旋转，如图 2-191 所示。

□　**旋转复制对象**

通过【旋转】工具可以复制对象，并能指定精确的旋转角度与复制数量。

01 选择目标对象，启用【旋转】工具，确定旋转平面、轴心点与轴心线，如图 2-192 所示。

02 按住 Ctrl 键，待光标变成后，输入旋转角度数值，如图 2-193 所示。

03 重复上面的步骤将旋转角度设置为 90，按 Enter 键确定旋转数值，再以"数量 X"的格式输入要复制的对象数目，再次按 Enter 键即可完成复制，如图 2-194 所示。

图 2-189　确定好旋转平面

图 2-190　输入旋转角度

图 2-191　旋转完成

图 2-192　确定旋转平面、轴心
点与轴心线

图 2-193　输入旋转角度

图 2-194　旋转复制完成

04 同样上述复制方法外，还可以首先复制出首尾模型，然后以"/数量"的形式输入要复制的对象数目并按 Enter 键，此时就会以平均角度进行旋转复制，如图 2-195~图 2-197 所示。

图 2-195　指定旋转方向

图 2-196　输入旋转角度

图 2-197　输入副本数

3．缩放工具

【缩放】工具用于对象的缩小或放大，既可以进行 X、Y、Z 三个轴向等比的缩放，也可以进行任意两个轴向的非等比缩放。单击【编辑】工具栏 按钮或执行【工具】/【缩放】菜单命令，均可启用该命令。

技 巧

【缩放】工具默认快捷键为 "S"。

❑　等比缩放

01 打开配套资源 "第 2 章\2.4.10.3 缩放原始.skp" 模型，选择左侧的瓷器模型，启用【缩放】工具，模型周围即出现用于缩放的栅格，如图 2-198 所示。

02 待光标变成 时，选择任意一个位于顶点的栅格点，即出现 "统一调整比例：在对角点附近" 提示，此时按住鼠标左键并进行拖动，即可进行模型的等比缩放，如图 2-199 所示。

选择缩放栅格后，按住鼠标向上推动为放大模型，向下推动则为缩小模型。此外在进行二维平面模型的等比缩放时，同样需要选择四周的栅格点方可进行等比缩放，如图 2-200 所示。

图 2-198　模型周围即出现用于缩放的栅格

图 2-199　等比缩放

图 2-200　二维平面模型的等比缩放

03　除了直接通过鼠标进行拉伸外，在确定好缩放栅格点后，直接输入缩放比例，然后按 Enter 键即可完成精确比例的缩放，如图 2-201~图 2-203 所示。

图 2-201　确定好缩放栅格点

图 2-202　输入缩放比例

图 2-203　精确等比缩放结果

在进行精确比例的等比缩放时，数量小于 1 则为缩小，大于 1 则为放大，如果输入负值则对象不但会进行比例的调整，其位置也会发生镜像改变。例如输入-1，会得到【镜像】的效果，如图 2-204~图 2-206 所示。

❑　非等比缩放

【等比缩放】各方向同比例改变对象的尺寸大小，其形状不会发生改变，而【非等比缩放】在改变对象尺寸的同时，会改变对象的造型。

01　选择用于拉伸的瓷器模型，启用【缩放】工具，选择位于栅格线中间的栅格点，即可出现 "绿/蓝色轴" 或类似提示，如图 2-207 所示。

02　确定栅格点后单击，然后拖动鼠标即可进行缩放，确定缩放大小后单击，即可完成缩放，如图 2-208 与图 2-209 所示。

除了 "绿/蓝色轴" 的提示外，选择其他栅格点还可出现 "红/蓝色轴" 或 "红/绿色轴" 的提示，出现这些提示时都可以进行【非等比缩放】。此外选择某个位于面中心的栅格点还可进行 X、Y、Z 任意单个轴向上的【非等比缩放】，如图 2-210~图 2-212 所示。

图 2-204　选择缩放栅格顶点

图 2-205　输入负值

图 2-206　镜像完成效果

图 2-207　选择中间缩放栅格点

图 2-208　非等比缩放

图 2-209　非等比缩放效果

图 2-210　选择其他缩放栅格点

图 2-211　非等比缩放

图 2-212　非等比缩放效果

4．偏移复制工具

在 SketchUp 中，【偏移】工具可以同时将对象进行移动与复制，单击【编辑】工具栏中的 按钮或执行【工具】/【偏移】菜单命令均可启用该工具。在实际的工作中，【偏移】工具可以对任意形状的"面"进行偏移，但对于"线"的偏移则有一定的前提，接下来进行具体的介绍。

技 巧

【偏移】工具的默认快捷键为 F。

❑　**面的偏移**

01　在视图中创建一个长宽都约为 1500mm 的矩形平面，然后启用【偏移】工具，如图 2-213 所示。

02　待光标变成 时，在要进行偏移的"平面"上单击以确定偏移的参考点，然后向内拖动鼠标即可进行偏移，如图 2-214 所示。

03　确定好偏移大小后再次单击，即可同时完成偏移与复制，如图 2-215 所示。

图 2-213　创建矩形平面

图 2-214　向内偏移

图 2-215　向内偏移完成效果

注意

【偏移】工具不仅可以向内进行收缩复制，还可以向外进行放大复制。在 "平面" 上单击以确定好偏移的参考点后，向外推动鼠标即可，如图 2-216~图 2-218 所示。

图 2-216　确定偏移参考点

图 2-217　向外偏移

图 2-218　向外偏移完成效果

04 如果要进行精确距离的偏移，可以在 "平面" 上单击，确定偏移参考点，然后直接输入偏移数值，再按 Enter 键确认，如图 2-219~图 2-221 所示。

图 2-219　确定偏移参考点

图 2-220　输入偏移距离

图 2-221　精确偏移完成效果

【偏移】工具对任意造型的 "面" 均可进行偏移与复制，如图 2-222~图 2-224 所示。但对于 "线" 的复制则有所要求，接下来进行了解。

图 2-222　圆形的偏移

图 2-223　正多边形的偏移复制

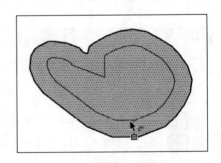
图 2-224　曲线平面的偏移

❑ 线的偏移

在 SketchUp 中,【偏移】工具是无法对单独的线段以及交叉的线段进行偏移与复制的,如图 2-225 与图 2-226 所示。

图 2-225 无法偏移单独线段

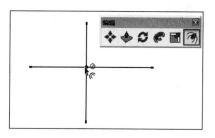

图 2-226 无法偏移交叉线段

而对于多条线段组成的转折线、弧线以及线段与弧形组成的线形均可以进行偏移与复制,如图 2-227~图 2-229 所示。其具体的操作方法及功能与"面"类似,在这里就不再赘述。

图 2-227 偏移转折线

图 2-228 偏移弧线

图 2-229 偏移混合线形

2.4.11 推/拉工具

在 SketchUp 中,将二维平面生成三维实体模型的最为常用的工具即【推/拉】工具。单击【编辑】工具栏中的 ◆ 按钮或执行【工具】/【推/拉】菜单命令均可启用该工具。接下来了解其具体的使用方法与技巧。

01 在场景中创建一个长宽约为 2000 的矩形,然后启用【推/拉】工具,如图 2-230 所示。

02 待光标变成 ◆ 时,将其置于拉伸对象的表面并单击确定,然后拖动鼠标拉伸出三维实体,拉伸出合适的高度后再次单击即可完成拉伸,如图 2-231 与图 2-232。

03 如果要进行精确的拉抻,则可以在单击确定开始拉伸前输入拉伸距离,再按 Enter 键确认,如图 2-233~图 2-235 所示。

图 2-230 创建矩形平面

图 2-231 向上拉伸平面

图 2-232 拉伸完成效果

技巧

【推/拉】工具的默认快捷键为 "P"。

图 2-233　选择矩形平面

图 2-234　输入拉伸距离

图 2-235　精确拉伸完成效果

技巧

在完成拉伸后再次启用【推/拉】工具可以直接进行拉伸，如图 2-236 与图 2-237 所示。如果此时按住 Ctrl 键，则会以复制的形式进行拉伸，如图 2-238 所示。

图 2-236　选择已拉伸出的平面

图 2-237　继续拉伸效果

图 2-238　拉伸复制效果

技巧

如果有多个面的推/拉深度相同，则在完成了其中某一个面的推/拉之后，在其他面上使用【推/拉】工具直接双击，即可快速实现相同的推/拉效果，如图 2-239~图 2-241 所示。

图 2-239　向下挤压面

图 2-240　挤压完成

图 2-241　双击快速完成相同挤压

2.4.12　路径跟随工具

SketchUp 中的【路径跟随】可以利用两个二维线形或平面生成三维实体。单击【编辑】工具栏中的 按钮或执行【工具】/【路径跟随】菜单命令均可启用该工具，其具体的使用方法与技巧如下：

1.　面与线的应用

01 打开配套资源"第 02 章/2.4.12.1 路径跟随"文件，如图 2-242 所示场景中有一个平面图形与二维线型。

02 启用【路径跟随】工具，待光标变成 时单击，选择其中的二维平面，如图 2-243 所示。

03 将光标移动至线形附近，此时在线形上会出一个红色的捕捉点，二维平面也会根据该点至线形下方端点的走势形成三维实体，如图 2-244 所示。

04 向上推动鼠标直至线形的端点，在确定实体效果后单击，即可完成三维实体的制作，如图 2-245 所示。

图 2-242 打开"路径跟随"文件

图 2-243 选择二维平面

图 2-244 捕捉路径

图 2-245 完成三维实体的制作

2. 面与面的应用

在 SketchUp 中选择【路径跟随】工具，通过"面"与"面"的应用可以绘制出室内具有线脚的天花板等常用构件。

01 在视图中绘制线脚截面与天花板平面二维图形，然后启用【路径跟随】工具并单击选择截面，如图 2-246 所示。

02 待光标变 时将其移动至天花板平面图形内，然后跟随其捕捉一周，如图 2-247 所示。

03 单击左键确定完成捕捉，得到最终效果如图 2-248 所示。

图 2-246 选择截面

图 2-247 捕捉天花板平面

图 2-248 完成效果

技巧

在 SketchUp 中并不能直接创建球体、棱锥、圆锥等几何形体，通常是通过在"面"与"面"上应用【路径跟随】工具来完成的，其中球体的创建步骤如图 2-249~图 2-251 所示。

图 2-249 选择圆形截图

图 2-250 捕捉底部圆形路径

图 2-251 生成的球体效果

3. 实体上的应用

在 SketchUp 中利用【路径跟随】工具还可以在实体模型上直接制作出边角细节，具体的操作方法如下：

01 在实体表面上直接绘制好边角轮廓，然后启用【路径跟随】工具并单击选择，如图 2-252 所示。

02 待光标变成 ![cursor] 时单击选择边角轮廓，然后再将其光标置于实体的轮廓线上，此时就可以参考出现的虚线确定跟随效果，如图 2-253 所示。

03 确定好跟随效果后单击，完成实体边角效果如图 2-254 所示。

图 2-252 直接绘制好边角轮廓 　　图 2-253 出现的虚线 　　图 2-254 完成实体边角效果

技巧

利用【路径跟随】工具直接在实体模型上创建边角效果时，如果捕捉完整的一周将制作出如图 2-255 所示的效果。此外，还可以任意捕捉实体轮廓线进行效果的制作，如图 2-256 与图 2-257 所示。

图 2-255 捕捉完整的一周的效果 　　图 2-256 捕捉一侧边线 　　图 2-257 跟随一侧连线完成效果

2.4.13 主要工具栏

SketchUp【主要】工具栏如图 2-258 所示，包括了【选择】、【制作组件】、【材质】以及【擦除】4 种工具。其中【选择】工具的使用前面小节进行过详细介绍，因此接下来将了解另外三个工具的使用方法与技巧。

图 2-258 SketchUp【主要】工具栏

1. 制作组件工具

【制作组件】工具用于管理场景中的模型，当在场景中制作好了某个模型套件（如由拉手、门页、门框、组成的门模型），通过将其制作成【组件】，不但可以精简模型个数，有利于模型的选择，而且还可以直接将其复制，当模型需要调整时，只要修改其中的一个，其他模型也会发生相同的改变，从而大大提高了工作效率。

此外，将模型制作成【组件】后，可以将其单独进行导出，这样不但可以将制作好模型分享给他人，自己也可以随时再导入调用。接下来首先了解【组件】的制作方法。

❑ 创建与分解组件

01 打开配套资源"第 2 章\2.4.13.1 组件原始"模型，该模型为一个由多个部件组成的休闲椅模型，如图 2-259 所示。

02 此时的休闲椅并未整体创建为【组件】，因此很容易产生单个部件的误操作，如图 2-260 所示。

03 按 Ctrl+A 键选择所有模型构件，单击组件工具按钮 或单击鼠标右键，选择"创建组件"命令，如图 2-261 所示。

04 系统弹出【创建组件】面板，设置【名称】等参数，如图 2-262 所示，单击【创建】按钮，即可将其整体制作成【组件】，如图 2-263 所示。

05 模型整体创建为组件后，进行移动、拉伸等操作时，即可默认以整体的形式进行操作，十分方便，如图 2-264 所示。

图 2-259 打开休闲椅模型

图 2-260 移动躺椅时底座错位

图 2-261 选择【创建组件】命令

图 2-262 【创建组件】面板

图 2-263 创建休闲椅组件

图 2-264 整体缩放椅子组件

技 巧

　　在 SketcUp 中进行单面植物效果的渲染时,【创建组件】面板中【总是朝向相机】参数将变得十分重要,勾选该复选框后,随着相机的移动,制作好的植物组件也会保持转动,使其始终以正面面向相机,如图 2-265~图 2-267 所示。

图 2-265　打开模型　　　　　　　图 2-266　勾选复选框　　　　　　图 2-267　组件自动调整方向效果

　　06　制作好组件后,可以整体复制,得到其他位置的相同组件,如图 2-268 所示。

　　07　在方案推敲的过程中,如果要进行统一修改,可以首先单击鼠标右键,选择【编辑组件】命令,如图 2-269 所示。

　　08　改变组件整体或任意一个构件大小,其他复制的模型均可发生同样的改变,如图 2-270 所示。

图 2-268　复制组件　　　　　　　图 2-269　选择编辑组件命令　　　　图 2-270　修改组件效果

　　09　如果要单独对某个组件进行调整,可以选择该组件并单击鼠标右键,为其添加【设定为唯一】命令,如图 2-271 所示,此时再进行模型的变换,将不会对由其复制的组件产生关联影响,如图 2-272~图 2-273 所示。

　　10　选择【组件】,在其表面单击鼠标右键,在弹出快捷菜单中选择【分解】命令,可将组件打散。

图 2-271　单独处理组件　　　　　图 2-272　缩小模型　　　　　　　图 2-273　单独编辑组件效果

　　□　　导出与导入组件

　　【组件】制作完成后,首先应该将其导出为单独的模型,这样在其他的场景中可以快速调用,具体的操作如下：

01 选择制作好的【组件】，在其表面单击鼠标右键，在弹出快捷菜单中选择【另存为】命令，如图 2-274 所示。

02 在弹出的【另存为】面板中设置文件名和保存路径，单击【保存】命令即可保存，如图 2-275 所示。

03 【组件】保存完成后，在其他需要调用该组件的场景中执行【窗口】/【组件】菜单命令，即可通过弹出的【组件】面板选择并直接插入场景，如图 2-276 与图 2-277 所示。

　图 2-274　选择【另存为】命令　　　　图 2-275　保存组件　　　　　图 2-276　打开需要调用休闲椅的场景

04 模型调用至场景后，通过造型的微调与位置的摆放，即可快速得到所需的效果，如图 2-278 与图 2-279 所示。

　图 2-277　显示组件　　　　图 2-278　直接选择保存的组件　　　　图 2-279　插入组件

注意

只有将【组件】保存在 SketcheUp 安装路径中名为 "Components" 的文件夹内，才可以通过【组件】面板进行直接调用。

□　组件库

个人或者团队制作的【组件】通常都比较有限，Google 公司在收购 SketchUp 后，结合其强大的搜索功能，允许 SketchUp 用户直接在网上搜索【组件】，同时也可以将自已制作好的组件上传到互联网供其他用户使用，这样全世界的 SketchUp 用户就构成了一个十分庞大的网络【组件库】。在网上搜索以及上传【组件】的具体方法如下：

01 了解下载组件的方法。在【组件】面板输入下载模型的关键词，如图 2-280 所示，然后单击后方的🔍【搜索】按钮进行模型搜索，如图 2-281 所示。

02 搜索完成后，在面板中显示对应的结果，如图 2-282 所示。

图 2-280　输入模型搜索关键词　　　　图 2-281　进行搜索　　　　图 2-282　搜索结果

03 通过下拉按钮选择搜索到的模型，如图 2-283 所示，双击目标模型即可进行该模型的下载，如图 2-284 所示。

04 下载完成后即可将其直接插入场景，如图 2-285 所示。

图 2-283　选择搜索模型　　　　　图 2-284　下载模型　　　　　图 2-285　插入下载组件

05 如果要上传制作好的【组件】，则首先选择目标模型，然后选择【共享组件】命令，如图 2-286 所示。

06 进入【3D 模型库】上传面板，单击【上传】按钮即可进行上传，如图 2-287 所示。

07 上传成功后，其他用户即可通过互联网进行搜索与下载，如图 2-288 所示。

图 2-286　选择共享组件命令　　　　图 2-287　上传组件　　　　图 2-288　查看上传的模型

 注 意

使用 Google 3D 模型库进行【组件】上传前，需注册 Google 用户并同意上传协议。

2. 材质工具

模型创建完成后，还需要为其赋予材质，使模型效果更为真实、逼真。本小节讲解 SketchUp 的材质赋予方法、【材质编辑器】的功能以及【材质纹理】的编辑技巧。

☐ **赋予材质的方法**

01 打开配套资源"第 2 章\2.4.13.2 材质原始模型.skp"，该场景为一个没有任何材质效果的现代茶几模型，如图 2-289 所示。

02 单击【材质】工具 按钮，或执行【工具】/【材质】菜单命令打开【材料】面板。

03 SketchUp 分门别类地提供了一些预设材质，单击对应文件夹名称或通过下拉按钮，均可进入目标类材质列表，如图 2-290 与图 2-291 所示。

技 巧

【材质】工具默认快捷键为"B"。

图 2-289　打开茶几模型　　　　图 2-290　材料面板中的材料分类　　　　图 2-291　预设材料类型

04 赋予茶几支撑木纹材质。进入名称为"木质纹"的材质文件夹，选择"原色樱桃木"材质，如图 2-292 所示。

05 当光标变成 形状时，在茶几支撑组上单击，赋予其对应材质，如图 2-293 所示。

06 进入名称为"半透明材质"的文件夹，选择"半透明安全玻璃"材质，使用同样方法，将其赋予茶几玻璃模型，如图 2-294 所示。

图 2-292　选择原色樱桃木材质　　　图 2-293　赋予茶几支撑木质纹材质　　　图 2-294　赋予玻璃材质

07 场景材质制作完成后，可以单击【模型中】 按钮进行查看，如图 2-295 所示。

08 此外，还可以单击【样本颜料】按钮 ，直接在模型表面吸取其所具有的材质，如图 2-296 与图 2-297 所示。

图 2-295　查看模型中现有材质　　　图 2-296　单击样本颜料按钮　　　图 2-297　提取模型材质

SketchUp 虽然提供了许多材质，但其并不一定能完全满足实际工作中的需求，此时可以通过选择已有材质再进入【编辑】选项卡进行修改，或直接单击【创建材质】按钮，按照要求制作新的材质。由于材质【编辑】选项卡与【创建材质】选项卡的参数一致，因此接下来直接讲解【创建材质】选项卡的功能与使用方法。

❑　材质编辑器的功能

单击【创建材质】按钮，即可弹出【创建材质】面板，其具体的功能如图 2-298 所示。

图 2-298　【创建材质】面板

材质名称：新建材质时，可以根据材质特点进行命名以便于以后查找与调整。材质的命名应该简洁、明确，如"木纹""玻璃"等，也可以以拼音首字母进行命名，如"MW""BL"等。如果场景中有多个类似的材质，则应该在其后加以简短的区分，如"玻璃_半透明""玻璃_磨砂"等，此外也可以根据材质模型的对象进行区分，如"木纹_地板""木纹_书桌"等。

材质预览：通过"材质预览"可以快速查看当前新建的材质效果，如图 2-299~图 2-301 所示在预览窗口内可以对颜色、纹理以及透明度进行实时的预览。

图 2-299　颜色预览　　　　　　　图 2-300　纹理预览　　　　　　　图 2-301　透明度预览

颜色模式：按"颜色模式"后的下拉按钮，可以选择除默认"颜色选择"之外的"HLS""HSB"以及"RGB"三种模式，如图 2-302~图 2-304 所示。

图 2-302　HLS 模式

图 2-303　HSB 模式

图 2-304　RGB 模式

技 巧

这四种颜色模式在色彩的表现能力上并没有任何区别，读者可以根据自己的习惯进行选择。但由于"RGB 模式"使用红色（R）、绿色（G）以及蓝色（B）这三种光原色数值进行颜色的调整，比较直观，所以在本书中将采用该种模式。

重置颜色：按"重置颜色"色块，系统将恢复颜色的 RGB 值为 137、122、41。

纹理图像路径：按"纹理图像路径"后的【浏览材质图像文件】按钮 ，将打开【选择图像】面板进行纹理图像的加载，如图 2-305~图 2-306 所示。

图 2-305　单击【浏览材质图像文件】按钮

图 2-306　【选择图像】面板

注 意

通过上述的过程添加纹理图像之后，【使用纹理图像】参数将自动勾选。此外，通过勾选【使用纹理图像】参数也可直接进入【选择图像】面板。如果要取消对纹理图像的使用，则将该参数取消勾选即可。

纹理图像坐标：外部加载的纹理图像，其原始尺寸如图 2-307 所示，并不一定适合于当前场景的使用。此时，通过"纹理图像坐标"数值的调整可以得到比较理想的显示效果，如图 2-308 所示。

图 2-307　纹理图像原始尺寸效果

图 2-308　调整尺寸后的效果

在默认的设置下，纹理图像的长与宽的比例并不能修改，如想将图 2-308 中的宽度调整为 2000 以获得正方形的纹理图像效果时，其长度会如图 2-309 所示自动调整为 2000 以保持原始比例。此时可以单击其后的【解锁】按钮，然后再调整，如图 2-310 与图 2-311 所示。

图 2-309　长宽比例锁定　　　　图 2-310　解除长宽比例锁定　　　　图 2-311　单独调整纹理宽度

注意

在 SketchUp 中，【材质编辑器】只能用于对纹理图像尺寸与比例的改变。如果要对纹理图像位置、角度等进行修改则需要通过【纹理图像菜单】命令来完成，可参阅本节中"材质贴图编辑"小节中的内容。

纹理图像色彩校正：除了可以调整纹理图像的原始尺寸与比例外，勾选【调色】参数还可以在 SketchUp 内直接进行纹理图像色彩的校正，如图 2-312 与图 2-313 所示。单击其下的【重置颜色】色块，颜色即可还原，如图 2-314 所示。

图 2-312　勾选【着色】复选框　　图 2-313　调整颜色　　　　图 2-314　重置颜色

不透明度："不透明度"数值越高，则材质的透明效果越差，如图 2-315 与图 2-316 所示。其调整通常使用滑块进行，有利于对透明效果的实时观察。

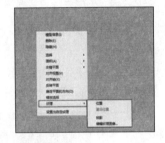

图 2-315　不透明度为 100 时的材质效果　图 2-316　不透明度为 30 时的材质效果　图 2-317　纹理子命令

3. 纹理图像的调整

在 SketchUp【材质编辑器】面板中只能对纹理图像尺寸与比例进行改变，如果要对其进行【旋转】【镜像】等调整，则需要首先在赋予纹理图像的模型表面单击鼠标右键，然后通过【纹理】子菜单中的相应命令进行调整，如图 2-317 所示。

通过【纹理】子菜单中的【位置】命令，可以对已经赋予的纹理图像进行【移动】【旋转】【扭曲】【拉伸】等调整，具体的操作方法与技巧如下：

01 打开配套资源中的"第 02 章|2.4.13.3.1 贴图"模型，选择已经赋予纹理图像的卡片的表面并单击鼠标右键，然后选择【位置】命令，如图 2-318 所示。

02 此时将弹出用于调整纹理图像效果的半透明平面与四色图钉，如图 2-319 所示。

03 将光标置于某个图钉上时系统将显示该图钉的功能，如图 2-320 所示。接下来详细了解各色图钉的功能。

图 2-318　选择【位置】命令

图 2-319　半透明平面与四色图钉

图 2-320　图钉功能提示

04 红色图钉为【纹理图像移动】图钉。选择【位置】菜单后保持默认即启用该功能，此时拖动鼠标可以对纹理图像进行任意方向的移动，如图 2-321~图 2-323 所示。

图 2-321　原始纹理图像位置

图 2-322　向左平移纹理图像

图 2-323　向上平移纹理图像

技 巧

半透明平面内显示了纹理图像整体的分布效果，因此使用【纹理图像移动】工具可以十分方便地将目标纹理图像区域移动至模型表面并进行对齐。

05 绿色图钉为【纹理图像比例/旋转】图钉。单击鼠标，按住该按钮上下拖动可以对纹理图像进行上下旋转，左右拖动则改变纹理图像的比例，如图 2-324~图 2-326 所示。

图 2-324　选择比例旋转图钉

图 2-325　调整纹理图像比例

图 2-326　旋转纹理图像

06 黄色图钉为【纹理图像扭曲】图钉。单击鼠标，按住该按钮向任意方向拖动，将对纹理图像进行对应方向上的扭曲，如图 2-327~图 2-329 所示。

图 2-327　选择扭曲图钉

图 2-328　左右扭曲纹理图像

图 2-329　上下扭曲纹理图像

07 蓝色图钉为【纹理图像拉伸/旋转】图钉。单击鼠标，按住该按钮水平移动将对纹理图像进行等比拉伸，上下移动则将对纹理图像进行旋转，如图 2-330~图 2-332 所示。

08 通过以上任意方式调整好纹理图像效果后单击鼠标右键，将弹出如图 2-333 所示的快捷菜单。如果确定已经调整完成，可以选择【完成】菜单命令结束调整；如果要返回初始效果，则可以选择【重设】菜单命令。

图 2-330　选择拉伸/旋转图钉

图 2-331　水平拉伸纹理图像

图 2-332　上下旋转纹理图像

09 而通过【镜像】子菜单可以快速地对当前调整的效果进行【左/右】与【上/下】的镜像，如图 2-334 与图 2-335 所示。

10 此外，通过【旋转】子菜单还可以快速地对当前调整的效果进行【90】、【180】、【270】三种角度的旋转。

图 2-333　右键快捷菜单

图 2-334　左右镜像纹理图像效果

图 2-335　上、下镜像纹理图像效果

技巧

如果已经通过【完成】菜单结束调整，此时如果要进行效果的返回，可以选择【纹理图像】菜单下的【重设位置】命令。

❑　投影

【纹理】菜单下的【投影】命令用于在曲面上制作贴合的纹理效果，具体的使用方法如下：

01 打开配套资源"第 2 章\2.4.13.3.2 纹理投影.skp"模型，可以看到其为一个没有赋予商标材质的电池模型，如图 2-336 所示。

02 此时如果直接在其表面赋予纹理，将出现凌乱的拼贴效果，如图 2-337 所示。

图 2-336　打开模型　　　　　　图 2-337　直接赋予纹理效果　　　　　图 2-338　创建矩形平面

03 为了能在电池表面上产生贴合的纹理效果，首先在其正前方创建一个矩形平面，如图 2-338 所示，然后使用【缩放】工具调整矩形大小，如图 2-339 所示。

图 2-339　缩放矩形　　　　　　　图 2-340　赋予矩形纹理　　　　　　图 2-341　调整矩形纹理

04 为矩形平面赋予纹理，如图 2-340 所示，然后调整纹理拼贴效果，如图 2-341 所示。

05 在矩形表面单击鼠标右键，选择【投影】菜单命令，如图 2-342 所示。

06 单击【材料】编辑器中的【样本颜料】按钮 ✎，按住"Alt"键的同时吸取赋予在平面模型上的材质，如图 2-343 所示。

07 松开"Alt"键，等光标变成 🪣 时，将材质赋予到曲面上，此时即可在曲面上出现贴合的纹理效果，如图 2-344 所示。

图 2-342　选择投影命令　　　　　图 2-343　吸取矩形材质　　　　　　图 2-344　赋予电池表面材质

4．擦除工具

单击 SketchUp【主要】工具栏【擦除】工具按钮 ✐，待光标变成 ✐ 时，将其置于目标线段上方，单击鼠标即可直接将其擦除，如图 2-345 与图 2-346 所示。但该工具不能直接擦除面，如图 2-347 所示。

技 巧

【擦除】工具默认快捷键为"E"。

图2-345　单击擦除线段

图2-346　擦除完成

图2-347　不能直接擦除面

2.4.14 建筑施工工具栏

SketchUp 建模可以达到十分高的精确度，这主要得益于功能强大的辅助定位【建筑施工】工具。【建筑施工】工具栏包含【卷尺】、【尺寸】、【量角器】、【文字】、【轴】及【三维文字】工具，如图2-348所示。其中【卷尺】与【量角器】工具用于尺寸与角度的精确测量与辅助定位，其他工具则用于进行各种标识与文字创建。

图2-348　【建筑施工】工具栏

1.　卷尺工具

【卷尺】工具不仅用于距离的精确测量，也可以用于制作精准的辅助线。单击【建筑施工】工具栏 按钮，或执行【工具】/【卷尺】菜单命令，均可启用该命令，接下来学习其使用方法。

技 巧

【卷尺】工具默认快捷键为"T"。

❑　卷尺工具使用方法

01 打开配套资源"第2章\2.4.14.1测量.skp"模型，该场景为一个"树池座凳"模型，如图2-349所示。

02 启用【卷尺】工具，待光标变成 时单击确定测量起点，如图2-350所示。

03 拖动鼠标至测量端点并再次单击确定，即可查看到长度数值，与图2-351所示。

技 巧

进入【模型信息】面板，选择【单位】选项卡，调整【显示精确度】参数，测量时可得到更为精确的长度数值，如图2-352与图2-353所示。

图 2-349 打开树池座凳模型

图 2-350 确定测量起点

图 2-351 测量完成效果

图 2-352 调整显示精确度

图 2-353 测量得到更精确长度数值

❑ 测量距离的辅助线功能

使用【卷尺】工具可以制作出【延长】辅助线与【偏移】辅助线，两者的创建方法如下：

01 启用【卷尺】工具，单击鼠标，确定【延长】辅助线起点，如图 2-354 所示。

02 拖动鼠标确定【延长】辅助线方向，然后再输入延长线长度并按 Enter 键确定，生成对应长度的【延长】辅助线，如图 2-355 与图 2-356 所示。

图 2-354 确定辅助线起点

图 2-355 输入延长线长度

图 2-356 创建的延长辅助线

03 启用【卷尺】工具，在偏移参考线上两侧端点外的任意位置单击，确定【偏移】辅助线起点，如图 2-357 所示。

04 拖动鼠标确定【偏移】辅助线方向，然后再输入偏移数值并按 Enter 键确定，即可创建对应距离的【偏移】辅助线，如图 2-358 和图 2-359 所示。

05 辅助线可以使用【隐藏】与【取消隐藏】命令进行隐藏与显示，如图 2-360 与图 2-361 所示。也可以使用【删除参考线】菜单命令进行快速擦除，如图 2-362 所示。

图 2-357　确定偏移起点

图 2-358　输入偏移数值

图 2-359　创建的偏移辅助线

图 2-360　【隐藏】命令

图 2-361　【取消隐藏】命令

图 2-362　【删除参考线】命令

2. 量角器工具

【量角器】工具兼具角度测量与制作角度辅助线的功能。单击【建筑施工】工具栏 按钮或执行【工具】/【量角器】菜单命令，均可启用该命令。

❑　**量角器工具使用方法**

01 启用【量角器】工具，待光标变成 时后单击鼠标，确定目标测量角的顶点，如图 2-363 所示。

02 拖动鼠标捕捉目标测量角任意一条边线，并单击鼠标确定，如图 2-364 所示。

03 捕捉到另一条边线单击确定，即可在【数值】内观察至测量角度，如图 2-365 所示。

图 2-363　确定测量顶点

图 2-364　捕捉测量角一条边线

图 2-365　角度测量结果

❑　**角器的角度辅助线功能**

使用【量角器】工具可以创建任意角度的角度辅助线，具体的操作方法如下：

01 启用【量角器】工具，在目标位置单击，确定顶点位置，如图 2-366 所示。

02 拖动鼠标创建角度起始线，如图 2-367 所示。在实际的工作中可以创建任意角度的斜线以进行相对测量。

03 在【数值】中输入角度数值并按 Enter 键确定，以之前创建的起始线为参考，创建相对角度的辅助线，如图 2-368 所示。

图 2-366　确定顶点位置

图 2-367　创建角度起始线

图 2-368　创建的角度辅助线

3. 尺寸标注工具

SketchUp 具有十分强大的标注功能，完全可以满足施工图标注所要求的精度，这也是 SketchUp 相对于其他三维软件所具有的一个明显优势。单击【建筑施工】工具栏 按钮或执行【工具】/【尺寸】菜单命令均可启用该命令，接下来逐步学习【长度】标注、【半径】标注以及【直径】标注的操作方法与技巧。

❑　长度标注

01 启用【尺寸】工具，在模型上选定标注起点，如图 2-369 与图 2-370 所示。

图 2-369　启用尺寸标注工具

图 2-370　选定标注起点

图 2-371　确定标注端点完成标注

02 拖动鼠标至标注端点，再次单击鼠标确定，然后向上推动鼠标放置标注即可完成标注，如图 2-371 所示。

03 调整【模型信息】面板中的显示精确度，可以标注出十分精确的长度数值，如图 2-372 与图 2-373 所示。

图 2-372　设置显示精确度

图 2-373　测量到更为精确的长度数值

❑　半径标注

01 启用【尺寸】工具，在目标弧线上单击，确定标注对象，如图 2-374 与图 2-375 所示。

02 往任意方向拖动鼠标放置标注，即可完成半径标注，如图 2-376 所示。

图 2-374　启用尺寸标注工具

图 2-375　选择标注圆弧

图 2-376　半径标注完成

❑ 　直径标注

01 启用【尺寸】工具，在目标圆形边线上单击，确定标注对象，如图 2-377 与图 2-378 所示。

02 往任意方向拖动鼠标放置标注，即可完成直径标注，如图 2-379 所示。

图 2-377　启用标注工具

图 2-378　选择标注边线

图 2-379　标注完成效果

❑ 　设置尺寸标注样式

标注均由箭头、标注线以及标注文字构成，进入【模型信息】面板后选择【尺寸】选项卡，可以进行【标注】样式的调整，如图 2-380 与图 2-381 所示。

图 2-380　选择【模型信息】命令

图 2-381　选择【尺寸】选项卡

单击【文字】参数组内的【字体】按钮，可以弹出如图 2-382 所示的【字体】设置面板，通过该面板可以设置标注文字的【字体样式】【尺寸】或【高度】，调整出不同的标注文字效果，如图 2-383 所示。

单击【引线】参数组【端点】下拉按钮，可以选择【无】【斜线】【点】【闭合箭头】【开放箭头】五种标注端点效果，如图 2-384 所示。

图 2-382　字体面板　　　　　图 2-383　不同尺寸的标注效果　　　　　图 2-384　设置标注引线端点

默认设置下为【闭合箭头】，其中三种端点效果如图 2-385~图 2-387 所示。

图 2-385　"无"标注效果　　　　　图 2-386　"斜线"标注效果　　　　　图 2-387　"开放箭头"标注效果

在【尺寸】参数组内可以调整【标注文字】与【尺寸线】的位置关系，如图 2-388 所示。其中默认【对齐屏幕】选项效果如图 2-389 所示，此时的标注文字始终平行于屏幕。

图 2-388　选择"对齐屏幕"选项　　　　　图 2-389　对齐屏幕标注效果　　　　　图 2-390　选择"对齐尺寸线"标注方式

选择【对齐尺寸线】选项，则可以如图 2-390 所示通过下拉按钮切换【上方】、【居中】、【外部】三种方式，效果分别如图 2-391~图 2-393 所示。

图 2-391　居中对齐效果　　　　　图 2-392　上方对齐效果　　　　　图 2-393　外部对齐效果

❑　**修改标注**

SketchUp 2021 对【标注】样式的修改方式主要通过如图 2-394 所示的【选择全部尺寸】与【更新选定的尺寸】按钮完成。

如果场景中所有的【标注】都需要进行修改，可以在设置好【标注样式】后，通过单击【尺寸】选项卡内的【选择全部尺寸】按钮进行统一修改。

如果只需要修改部分【标注】则可以手动选择目标尺寸，然后通过【更新选定的尺寸】按钮进行部分更改。

技巧

对于单个或少数标注修改，可以通过鼠标右键快捷菜单的【编辑文字】命令完成，如图 2-395 所示。双击标注文字，可以直接进行文字内容的修改。

图 2-394　标注样式的两种修改方式

图 2-395　编辑文字

4．文字标注工具

在进行园林设计时，除了可以使用【尺寸】标注工具对【长度】、【半径】、【直径】进行精确的标注外，还可以对图形面积、线段长度、定点坐标、材料类型、特殊做法以及细部构造进行文字标注。单击【建筑施工】工具栏 按钮，或执行【工具】/【文字标注】菜单命令，均可启用【文字】标注命令。

❑　**系统标注**

【文字】可以直接对【面积】、【长度】、【定点坐标】进行文字标注，具体的操作方法如下：

01 启用【文字】标注命令，待光标变成 时，将鼠标移动至目标平面对象表面，如图 2-396 与图 2-397 所示。

02 单击在当前位置显示【文字标注】内容，然后再拖动鼠标到任意位置放置【文字标注】，确定放置后再次单击鼠标确定，如图 2-398 所示。

图 2-396　启用文字标注工具

图 2-397　移动至目标对象表面

图 2-398　单击拉出标注效果

03 对线段长度与点坐标进行【文字标注】的操作步骤与标注效果如图 2-399~图 2-402 所示。

图 2-399　选择直线进行标注

图 2-400　标注长度效果

图 2-401　选择点进行标注

图 2-402　标注点效果

❑　用户标注

用户在使用【文字标注】时，可以自由地设置文字内容。

01 启用【文字标注】功能，待光标变成 时，将鼠标移动至目标平面对象表面，如图 2-403 所示。

02 单击确定【文字标注】端点位置，然后拖动鼠标在任意位置放置【文字标注】，如图 2-404 所示。

03 松开鼠标，用户即可改写标注内容，如图 2-405 所示。

04 完成标注内容编写后再次单击，即可完成自定义标注。

图 2-403　启用文字标注并选择平面

图 2-404　放置文字标注

图 2-405　改写标注内容

❑　修改文字标注

修改【文字标注】十分简单，双击【文字标注】后即可进行文字内容的修改，如图 2-406 与图 2-407 所示。此外也可以单击鼠标右键，通过快捷菜单进行修改，如图 2-408 所示。

图 2-406　当前标注效果

图 2-407　双击修改标注内容

图 2-408　文字标注快捷菜单

5．轴工具

SketchUp 和其他三维软件一样，也是通过坐标轴进行位置定位，以便进行准确的绘图，如图 2-409 所示。为了方便模型创建，SketchUp 可以自定义坐标轴。单击【建筑施工】工具栏 按钮，或执行【工具】/【坐标轴】菜单命令，即可启用【轴】自定义功能，其具体的操作步骤如下：

01 启用【轴】工具，待光标变成 时移动鼠标，将其放置于目标位置后单击确定轴原点位置，如图 2-410 所示。

02 确定原点位置后，可以左右拖动鼠标自定义坐标 X、Y 的轴向，调整到目标方向后单击，确定即可，如图 2-411 所示。

图 2-409　默认坐标轴　　　　　图 2-410　确定轴原点位置　　　　　图 2-411　确定 XY 轴轴向

 技 巧

在实际的工作中，通常将 ⌐ 放置于模型的某个顶点，以有利于坐标轴向的调整。

03 确定 X、Y 的轴向后，可以上下拖动鼠标自定义【坐标轴】Z 轴方向，如图 2-412 所示。调整完成后再次单击，即可完成【轴】的自定义，结果如图 2-413 所示。

图 2-412　确定 Z 轴轴向　　　　　图 2-413　新的坐标轴　　　　　图 2-414　原点不可改动

 注 意

无论之前将 ⌐ 放置于何处，在确定坐标 Z 轴方向后坐标原点仍将还原，如图 2-414 所示。

6.　三维文字工具

【三维文字】工具可以快速创建三维或平面的文字效果，单击【建筑施工】工具栏 按钮或执行【工具】/【三维文字】菜单命令即可启用该工具。

01 启用【三维文字】工具，系统弹出【放置三维文本】设置面板，在其中输入文字并调整参数，如图 2-415 所示。

02 输入文字后，继续自定义【字体】、【对齐】、【高度】以及【已延伸】等参数，如图 2-416 所示。

03 设置好参数后单击【放置】按钮，再移动鼠标到目标点单击，即可创建具有厚度的文字效果，如图 2-417 所示。

图 2-415　【放置三维文本】面板　　　　图 2-416　自定义文本参数　　　　图 2-417　三维文字创建效果

提 示

如果不勾选【填充】选项，将无法挤压出文字厚度，所创建的文字将为线形。

2.4.15 SketchUp 相机工具栏

SketchUp【相机】工具栏如图 2-418 所示，除了【定位相机】、【绕轴观察】以及【漫游】三个工具按钮，还包含前面章节所讲的视图工具，其中【定位相机】与【绕轴观察】用于相机位置与观察方向的确定，【漫游】则用于制作漫游动画。接下来讲解各个工具的使用方法。

图 2-418 SketchUp【相机】工具栏

1. 相机位置与绕轴观察工具

01 单击【相机】工具栏 按钮或执行【相机】/【定位相机】菜单命令，光标将变成 状，如图 2-419 所示。

02 将鼠标移动至目标放置点并单击确定相机位置，然后按住鼠标左键拖动以创建观察方向，如图 2-420 所示。

03 松开鼠标即可创建对应视角的相机，如图 2-421 所示。

图 2-419 启用【定位相机】工具

图 2-420 确定相机位置与视角

图 2-421 创建相机效果

04 默认的视高通常都不太理想，此时可以手动输入数值进行调整，如图 2-422 所示。

05 设置好视高后，按 Enter 键，系统将自动开启【绕轴观察】工具，待光标变成 状后拖动鼠标，即可进行视角的转换，如图 2-423 与图 2-424 所示。

2. 漫游工具

通过【漫游】工具可以快速模拟出跟随观察者移动，在视图内同时产生连续变化的漫游动画效果。单击【相机】工具栏 按钮，或执行【相机】/【漫游】菜单命令，即可启用该命令。

01 打开配套资源"第 2 章\2.4.15.2 漫游工具"实例文件，启用【漫游】工具。

02 待光标变成 状时，按住鼠标左键向前推动，即可以默认速度产生前进的效果，如图 2-425 所示。

图 2-422　手动输入视点高度

图 2-423　左右旋转视角

图 2-424　上下旋转视角

图 2-425　默认速度向前漫游

图 2-426　加速向前漫游

图 2-427　升高相机视点

03 如果按住 Ctrl 键推动鼠标，则会产生加速前进的效果，如图 2-426 所示。

04 按住 Shift 键并上下移动鼠标，则可以升高或降低相机视点，如图 2-427 与图 2-428 所示。

05 按住鼠标左键左右移动光标，则可以产生转向的效果，如图 2-429 和图 2-430 所示。

图 2-428　降低相机视点

图 2-429　向左转向漫游

图 2-430　向右转向漫游

2.5　SketchUp 特色功能

2.5.1 边线显示设置

通过设置边线显示参数，SketchUp 可以显示出类似于手绘草图风格的效果，如图 2-431 与图 2-432 所示。

1.　设置边线显示类型

在 SketchUp 中打开【视图】/【边线类型】子菜单，如图 2-433 所示，选择其下的命令可以快速设置【边线】、【后边线】、【轮廓线】、【深粗线】以及【扩展程序】的效果。

图 2-431　建筑手绘草图

图 2-432　SketchUp 草图显示效果

图 2-433　【边线类型】子菜单

图 2-434　勾选【轮廓线】效果

图 2-435　不勾选【轮廓线】效果

轮廓线：【轮廓线】取消其勾选后，场景中模型边线将淡化或消失，如图 2-434 与图 2-435 所示。

深粗线：勾选【深粗线】后，边线将以比较粗的深色直线进行显示。由于该种效果影响模型细节的观察，因此通常不予勾选，如图 2-436 所示。

扩展程序：在实际手绘草图的绘制过程中，两条相交的直线通常会稍微延伸出头，在 SketchUp 中勾选【扩展程序】参数，即可实现该种效果，如图 2-437 所示。

从上述操作可以发现，在【边线样式】菜单中，仅能简单地设置各种边线效果，接下来了解控制边线的宽度、长度、颜色等特征的方法。

执行【窗口】/【默认面板】/【样式】命令，打开【样式】面板，如图 2-438 所示。在【编辑】选项卡中单击【边线设置】按钮，即可进行更加丰富的边界线类型与效果的设置。

图 2-436　勾选【深粗线】效果

图 2-437　勾选【扩展程序】效果

图 2-438　【样式】面板

端点：勾选【端点】复选框后，边线与边线的交接处将以较粗的直线显示，如图 2-439 所示，通过其后的参数可以设置直线的宽度。

抖动：勾选【抖动】复选框后，笔直的边界线将以稍微弯曲的直线进行显示，如图 2-440 所示。该种效果用于模拟手绘中真实的线段细节。

> **注意**
>
> 在【样式】面板中，各种边线类型后面都有数值输入框，除了【出头】参数框用于控制延伸长度外，其他参数框均用于控制直线自身宽度。

2. 设置边线显示颜色

默认设置下边线以深灰色显示，单击【样式】面板【颜色】下拉按钮，可以选择三种不同的边线颜色设置类型，如图 2-441 所示。

全部相同：默认边线颜色选项为【全部相同】，单击其后的色块可以自由调整色彩，如图 2-442 所示。

按材质：选择【按材质】选项后，系统将自动调整模型边线为与自身材质颜色一致的颜色，如图 2-443 所示。

图 2-439　勾选【端点】复选框效果　　图 2-440　勾选【抖动】复选框效果　　图 2-441　选择连线颜色

按轴线：选择【按轴线】选项后，系统将分别将 X、Y、Z 三个轴向上的边线以红、绿、蓝三种颜色显示，如图 2-444 所示。

图 2-442　调整红色边线　　　图 2-443　按材质显示边线效果　　　图 2-444　按轴线显示边线效果

除了调整以上类似铅笔黑白素描的效果外，通过【样式】面板中的下拉按钮，还可以选择诸如【手绘边线】、【颜色集】等其他效果，如图 2-445~图 2-447 所示。

图 2-445　选择显示样式　　　图 2-446　颜色集样式列表　　　图 2-447　颜色集样式效果

2.5.2 组工具

【组】工具与【组件】工具在操作上有类似的地方，但【组】工具倾向于管理当前场景内的模型，可以将相关的模型进行组合，这样既可减少场景中模型的数量，又便于相关模型的选择与调整。

1. 创建与分解组

01 打开配套资源"第 02 章|2.5.2 群组.skp"文件，该场景包含推车、花束以及小屋顶等主要构件，如图 2-448 所示。

02 此时单击选择屋顶，将只能选择到部分模型面，容易进行误操作使模型变形，如图 2-449 与图 2-450 所示。

图 2-448　打开场景模型

图 2-449　选择屋顶模型面

图 2-450　模型变形移位

03 双击选择屋顶所有相关模型面，单击鼠标右键，选择快捷菜单【创建群组】菜单命令，如图 2-451 所示。

04 将屋顶创建为【组】后，再次单击即可选择到整体模型，便于位置与造型的调整，如图 2-452 所示。

05 如果要取消组还原到之前的状态，选择鼠标右键快捷菜单中的【炸开模型】命令，如图 2-453 所示。

图 2-451　全选并创建群组

图 2-452　整体移动屋顶

图 2-453　选择炸开模型命令

2. 嵌套组

如果场景模型由多个构件组成，为了方便各个构件的使用，可以使用嵌套【组】，即首先将各个构件单独创建为小的【组】，然后整体组合成一个整体的【组】，不但可以进一步简化模型数量，还能方便地调整各个构件的位置与造型，具体操作方法如下：

01 利用前面介绍的方法，首先将推车以及屋顶各个小构件创建为第一层【组】，如图 2-454 所示。

02 选择对应构件创建推车、花束以及屋顶为第二层组，如图 2-455 所示。

03 将推车、花束与屋顶创建为一个整体的【组】，如图 2-456 所示。这样就完成了嵌套组的创建。

04 创建好【嵌套组】后，可以将最外层的【组】进行位置造型的调整，如图 2-457 所示，也可以双击进入组内部，调整各个层次的构件【组】，如图 2-458 与图 2-459 所示。

图 2-454 创建车轮组

图 2-455 创建推车组

图 2-456 创建整体组

图 2-457 调整整体组

图 2-458 调整第二层组

图 2-459 调整最里层组

3. 编辑组

通过【编辑组】命令，可以暂时打开【组】，从而对【组】内的模型进行单独调整，调整完成后又可以恢复到【组】状态。

01 选择上一节创建的【组】，单击鼠标右键，选择其中的【编辑组件】菜单命令，如图 2-460 所示。

02 暂时打开的【组】以虚线框进行标示，如图 2-461 所示，此时可以单独选择组内的模型进行调整。

图 2-460 选择【编辑组】命令

图 2-461 虚线显示打开组

图 2-462 恢复组

技 巧

在【组】上快速双击，可以快速执行【编辑组件】命令。

03 调整完成后，在视图空白处单击，即可恢复【组】，如图 2-462 所示。

04 打开【组】后选择其中的模型（或组），如图 2-463 所示，按 Ctrl+X 键可以暂时将其剪切出组，如图 2-464 所示。

05 在空白处单击，关闭【组】，按 "Ctrl+V" 键，将剪切的模型（或组）粘贴进场景，即可将其移出【组】，如图 2-465 所示。

06 如果要将模型（或组）加入到某个已有【组】内，可以按 Ctrl+X 键将其剪切，然后双击打开目标【组】，再按 Ctrl+V 键将其粘贴即可，如图 2-466~图 2-468 所示。

图 2-463　打开模型

图 2-464　剪切屋顶组

图 2-465　粘贴屋顶至原组外

4. 锁定与解锁组

在复杂的模型场景中，暂时不需要编辑或已经确定好效果的【组】可以将其锁定，以避免误操作。

01 选择需要锁定的【组】，单击鼠标右键，选择快捷菜单的【锁定】命令，即可锁定当前组，如图 2-469 所示。

02 锁定后的【组】以红色线框显示，此时不可对其进行选择以及其他操作，如图 2-470 所示

03 如果要解锁【组】，在【组】上方单击鼠标右键，选择【解锁】命令即可，如图 2-471 所示。

图 2-466　选择并剪切蝴蝶模型

图 2-467　进入组并粘贴蝴蝶

图 2-468　粘贴蝴蝶组完成

图 2-469　选择锁定命令

图 2-470　锁定的组

图 2-471　解锁组

技巧

除了可以使用鼠标右键快捷菜单进行【锁定】与【解锁】处，也可以直接执行【编辑】/【取消锁定】/【全部】或【选定项】命令。

2.5.3 标记工具

【标记】工具是一个强有力的场景管理工具，可以对场景模型进行有效的归类，以便进行【隐藏】、【显示】等操作，类似于 AutoCAD 的图层。执行【视图】/【工具栏】菜单命令，在工具栏面板中选择标记工具，如图 2-472 所示，打开【标记】工具栏如图 2-473 所示。

执行【窗口】/【默认面板】/【标记】命令，可以打开如图 2-474 所示【标记】面板，标记的管理主要通过【标记】面板完成。

图 2-472 选择【标记】工具栏

图 2-473 【标记】工具栏

图 2-474 【标记】面板

1. 标记的显示与隐藏

01 打开配套资源"第 02 章|2.5.3 标记.skp"模型，该场景是一个由建筑、地形、树木、近景灌木以及人物组成的场景，如图 2-475 所示。

02 打开【标记】面板，可以发现当前场景已经创建了【建筑】、【地形】、【树木】以及【人物】标记，如图 2-476 所示。

图 2-475 打开场景模型

图 2-476 打开【标记】面板

图 2-477 标记颜色

技巧

单击【标记】面板右侧【详细信息】按钮 ，选择【标记颜色】菜单命令，如图 2-477 所示，可以使同一标记所有对象均以【标记】颜色显示，从而快速区分各个标记模型对象，如图 2-478 所示。单击【标记】面板【颜色】色块，可以修改目标【标记】的颜色，如图 2-479 与图 2-480 所示。

03 如果要关闭某个标记，对其进行隐藏，只需单击该标记左侧的眼睛图标即可，如图 2-481 所示。再次单击，则该标记内模型又会重新显示。

04 如果要同时隐藏或显示多个标记，可以按住 Ctrl 键进行多选，如图 2-482 所示，然后单击眼睛图标即可，如图 2-483 所示。

图 2-478 标记颜色显示效果　　　图 2-479 改变建筑标记颜色　　　图 2-480 建筑标记颜色调整效果

图 2-481 隐藏建筑标记　　　图 2-482 选择多个标记　　　图 2-483 同时隐藏多个标记

注 意

默认的当前标记右侧会显示 ✏ 图标，而"当前标记"不可进行隐藏。在标记右侧位置单击，即可将其置为当前标记。

05　按住 Shift 键可以进行连续多选，单击【标记】面板右侧【详细信息】按钮 ⊡，选择【全选】菜单命令可以全选所有标记，如图 2-484 与图 2-485 所示，此时即可快速对场景所有标记进行隐藏或显示，如图 2-486 所示。

图 2-484 选择【全选】菜单命令　　　图 2-485 全选所有标记　　　图 2-486 隐藏所有标记

2．添加与删除标记

在本节中将学习【添加】与【删除】标记的方法与技巧。

01　打开【标记】面板，单击左上角【添加标记】按钮 ⊕，即可新建【标记】，将新建标记命名为"汽车"并将其置为"当前层"，如图 2-487 与图 2-488 所示。

02　插入汽车组件，此时插入的组件即位于新建的"汽车"标记内，如图 2-489 所示。可以通过该标记对其进行隐藏或显示。

图 2-487　打开场景

图 2-488　增加汽车标记

图 2-489　插入汽车组件

03 当某个标记不再需要时可以将其删除，此时需要选择要删除的标记（本例为"汽车" 标记），然后选择快捷菜单【删除标记】选项，如图 2-490 所示。

04 如果删除标记没有包含物体，系统将直接将其删除。如果标记内包含物体，则将弹出【删除包含图元的标记】提示面板，如图 2-491 所示。

05 保持面板中默认【分配另一个标记】选项，然后单击【好】按钮，可将模型移动至另一个标记，如图 2-492 所示。

图 2-490　选择【删除标记】命令

图 2-491　提示信息面板标记

图 2-492　删除标记结果

技 巧

如果场景内包含空白标记，可以单击【标记】面板右侧【详细信息】按钮 ，选择【清除】选项，如图 2-493 所示，即可自动删除所有空白标记，如图 2-494 所示。

图 2-493　选择【清除】命令

图 2-394　清除空白标记效果

3. 改变对象所处标记

01 选择要改变标记的对象，单击鼠标右键，选择快捷菜单中的【模型信息】命令，如图 2-495 所示。

02 在弹出的【图元信息】面板中单击【标记】下拉按钮，即可更换其所在标记，如图 2-496 所示。

03 此外选择目标对象，然后通过【标记】工具栏中的下拉按钮，也可改变其所在标记，如图 2-497 所示。

图 2-495 选择【模型信息】命令

图 2-496 更换模型所在标记

图 2-497 通过标记工具栏调整标记

2.5.4 截面工具

为了准确表达建筑物内部结构关系与交通组织关系，通常需要绘制平面布局及立面剖切图，如图 2-498 与图 2-499 所示。在 SketchUp 中，利用【剖切面】工具，可以快速获得当前场景模型的平面布局与立面剖切效果。

1. 创建剖切面

01 打开配套资源"第 02 章|2.5.4 剖切.skp"场景文件，该场景为一个封闭的建筑模型，如图 2-500 所示，接下来通过【剖切面】工具查看其内部布局。

图 2-498 建筑平面图

图 2-499 建筑立面图

02 执行【视图】/【工具栏】菜单命令，调出【截面】工具栏，如图 2-501 所示。

图 2-500 打开场景模型

图 2-501 调出【截面】工具栏

图 2-502 在建筑顶部创建【剖切面】

03 在【截面】工具栏中单击【剖切面】按钮 ⊕，在场景中拖动鼠标创建【剖切面】，如图 2-502 所示。

04 激活【移动】工具，选择创建好的截平面，使其与建筑产生接触即可产生对应的剖切效果，如图 2-503 与图 2-504 所示。

05 除了可以移动【剖切面】外，使用【旋转】工具还可以旋转【剖切面】，以得到不同方向的剖切效果，如图 2-505 所示。

图 2-503 剖切面效果 1   图 2-504 剖切面效果 2   图 2-505 剖切面效果 3

2. 剖切面的隐藏与显示

01 在场景中创建【剖切面】并调整好剖切位置，如图 2-506 所示。

02 单击【截面】工具栏【显示剖切面】按钮 ，即可将【剖切面】隐藏而保留剖切效果，如图 2-507 所示。

03 再次单击 按钮，又可重新显示之前隐藏的【剖切面】，如图 2-508 所示。

此外，在【剖切面】上单击鼠标右键，并选择快捷菜单中的【隐藏】命令，同样可以进行【剖切面】的隐藏，如图 2-509 与图 2-510 所示。

执行【编辑】/【取消隐藏】/【全部】菜单命令，则可以重新显示隐藏的【剖切面】，如图 2-511 所示。

图 2-506 当前剖切效果   图 2-507 隐藏剖切面   图 2-508 显示剖切面

图 2-509 选择【隐藏】命令   图 2-510 隐藏剖切面   图 2-511 取消隐藏剖切面

3. 翻转剖切面

在【剖切面】上单击鼠标右键，选择快捷菜单中的【翻转】命令，可以快速产生反向剖切效果，如图 2-512~图 2-514 所示。

| 图 2-512 当前剖切效果 | 图 2-513 选择【翻转】命令 | 图 2-514 翻转剖切效果 |

4. 剖切面的激活与冻结

在【剖切面】上单击鼠标右键，取消快捷菜单【显示剖切】勾选，可以使剖切效果暂时失效，如图 2-515 与图 2-516 所示。再次勾选即可恢复剖切效果,如图 2-517 所示。

| 图 2-515 取消【显示剖切】选择 | 图 2-516 显示剖切取消效果 | 图 2-517 显示剖切恢复效果 |

技 巧

在【截面】工具栏内单击【显示剖面切割】按钮 ，或在失效的【剖切面】上直接双击鼠标左键，可以快速进行激活与冻结。

5. 对齐到视口

在【剖切面】上单击鼠标右键，选择快捷菜单中的【对齐视图】命令，可以将视图自动对齐到【剖切面】的投影视图，如图 2-518 与图 2-519 所示。

注 意

默认设置下 SketchUp 为【透视图】显示，因此只有在执行【相机】/【平行投影】菜单命令后，才能产生绝对的正投影视图效果，如图 2-520 所示。

| 图 2-518 选择【对齐视图】命令 | 图 2-519 视图自动对齐到剖切面 | 图 2-520 平行投影效果 |

6. 从剖面创建组

01 调整好当前场景的剖切效果，如图 2-521 所示。

02 在【剖切面】上单击鼠标右键，选择快捷菜单中的【从剖面创建组】命令，如图 2-522 所示。

03 可以在剖切位置产生单独剖切线效果，并能进行移动、缩放等操作，如图 2-523 所示。

图 2-521　场景当前剖切效果　　　　图 2-522　选择【从剖面创建组】命令　　　　图 2-523　移动剖切线

7. 创建多个截平面

01 在 SketchUp 中允许创建多个【剖切面】，在本例中可在侧面创建出【剖切面】，如图 2-524 所示。

02 可以看到新建截平面产生了效果，而之前的截平面则失效，如图 2-525 所示。

03 此时通过选择激活不同的【剖切面】，即可切换不同剖切效果以满足观察需求，如图 2-526 所示。

图 2-524　创建侧面剖切面　　　　图 2-525　激活侧面剖切面　　　　图 2-526　激活顶面剖切面

2.5.5 实体工具

SketchUp 2021 中执行【视图】/【工具栏】菜单命令，即可打开【实体工具】工具栏，如图 2-527 所示。

【实体工具】工具栏中常用工具为【相交】、【联合】以及【减去】工具，如图 2-528 所示。此外还有【实体外壳】、【剪辑】以及【拆分】三个工具，接下来了解每个工具的使用方法与技巧。

1. 实体外壳工具

【实体外壳】工具可以快速将多个单独的"实体"模型合并成一个"实体"，具体的操作方法与技巧如下：

01 打开 SketchUp 后创建两个几何体，如图 2-529 所示。此时如果直接启用实体工具对几何体进行修改，将出现"不是实体"的提示，如图 2-530 所示。

02 为左侧圆柱体添加【创建群组】菜单命令，然后再次启用【实体工具】进行编辑则可出现"实体组"的提示，如图 2-531 与图 2-532 所示。

相交工具　减去工具

实体外壳工具　实体工具　拆分工具

联合工具　剪辑工具

图 2-527　显示实体工具栏　　　　　　　图 2-528　实体工具栏

不是实体

图 2-529　建立几何体模型　　　图 2-530　直接编辑几何体的提示　　　图 2-531　选择【创建群组】
命令

注意

区别于其他常用的图形软件，在 SketchUp 中几何体并非"实体"，在该软件中模型只有在添加【创建群组】命令后才被认可为"实体"。

03　使用同样方法将右侧几何体转换为实体，然后单击【实体外壳】工具按钮 。此时将鼠标移动至"实体"模型表面将出现①的提示，表明当前进行合并的"实体"数量，如图 2-533 与图 2-534 所示。

实体组

实体组

图 2-532　编辑实体组提示　　　图 2-533　创建右侧几何群组　　　图 2-534　实体组提示

04　在第一个"实体"表面单击后，再在第二个"实体"表面单击，即可将两者组成一个大的"实体"，如图 2-535 与图 2-536 所示。

05　如果场景中有比较多的"实体"需要进行合并，可以在将所有"实体"全选后再单击【实体外壳】工具按钮，这样可以快速进行合并，如图 2-537 ~图 2-539 所示。

图 2-535　选择第二个实体

图 2-536　2 个实体合并完成效果

图 2-537　全选场景所有实体

> **注　意**
>
> 在 SketchUp 中【实体外壳】工具的功能与之前介绍过的【组】嵌套有类似的地方，都可以将多个"实体（或组）"组建成一个大的对象。但要注意的是使用【组】嵌套的"实体（或组）"在打开后仍可以进行单独的编辑，如图 2-540~图 2-542 所示。

图 2-538　启动【实体外壳】工具

图 2-539　多个实体组成单个实体

图 2-540　创建嵌套群组

06 而使用【实体外壳】工具进行组合的"实体（或组）"将变成一个单独的"实体"，打开后之前所有的"实体（或组）"将被分解，模型将无法进行单独的编辑，如图 2-543~图 2-545 所示。

图 2-541　打开组

图 2-542　单独编辑组对象

图 2-543　使用外套工具合并

2．相交工具

布尔运算是大都数三维图形软件都具有的功能，其中【相交】运算可以将快速获取"实体"间相交的部分模型，具体的操作方法与技巧如下：

01 使"实体"之间产生相交区域，然后启用【相交】运算工具并单击选择其中一个"实体"，如图 2-546

与图 2-547 所示。

图 2-544　打开实体

图 2-545　无法进行单独编辑

图 2-546　相交的实体

02　在另一个"实体"上单击，即可获得两个"实体"相交部分的模型，同时之前的"实体"模型将被删除，如图 2-548 与图 2-549 所示。

图 2-547　单击选择实体

图 2-548　单击选择另一个实体

图 2-549　相交运算完成效果

注　意

多个相交"实体"间的【相交】运算可以先全选相关"实体"，然后再单击【相交】工具按钮进行快速的运算。

3．联合工具

布尔运算中的【联合】运算可以将多个"实体"进行合并，如图 2-550~图 2-552 所示。

图 2-550　启动【联合】工具

图 2-551　选择实体

图 2-552　联合运算完成效果

减去工具

布尔运算中的【减去】运算可以快速将某个"实体"与其他"实体"相交的部分进行切除，具体的操作方法与技巧如下：

01　使"实体"之间产生相交区域，然后启用【减去】工具并逐次单击进行运算的"实体"，如图 2-553~图 2-555 所示。

02　【减去】运算完成之后将保留后选择的"实体"，而删除先选择的实体以及相关的部分，如图 2-555 所示。因此同一场景在进行【减去】运算时，"实体"的选择顺序可以改变最后的运算结果，如图 2-556~图 2-558 所示。

图 2-553 启动【减去】工具　　　　图 2-554 选择第一个实体　　　　图 2-555 减去运算完成效果

图 2-556 用【减去】工具　　　　图 2-557 选择第一个实体　　　　图 2-558 减去运算完成效果

4．剪辑工具

在 SketchUp 中【剪辑】工具的功能类似于布尔运算中的【减去】工具，但其在进行"实体"接触部分切除时，不会删除掉用于切除的实体，如图 2-559~图 2-561 所示。

图 2-559 启用【剪辑】工具　　　　图 2-560 分别选择剪辑实体　　　　图 2-561 剪辑完成效果

> **注意**
> 与【减去】工具的运用类似，在使用【剪辑】工具时"实体"单击次序的不同将产生不同的【剪辑】效果。

5．拆分工具

在 SketchUp 中【拆分】工具的功能类似于布尔运算中的【相交】工具，但其在获得"实体"间相接触的部分的同时仅删除之前"实体"间相接触的部分，如图 2-562~ 图 2-564 所示。

2.5.6 地形工具

【沙箱】工具是 SketchUp 内置的一个地形工具，用于制作三维地形效果。执行【视图】|【工具栏】菜单命令，在弹出的【工具栏】对话框中选择【沙箱】，如图 2-565 所示，即可打开【沙箱】工具栏。

图 2-562　启用【拆分】工具　　　　图 2-563　实体拆分完成　　　　图 2-564　移动拆分的各个实体

【沙箱】工具栏各工具按钮功能如图 2-566 所示，其主要通过【根据等高线创建】与【根据网格创建】创建地形，然后通过【曲面起伏】、【曲面平整】、【曲面投射】、【添加细部】以及【对调角线】工具进行细节的处理。接下来了解具体的使用方法与技巧。

图 2-565　调出沙箱工具栏　　　　　　　　　　　图 2-566　沙箱工具栏

1．根据等高线创建建模

01 调出【沙箱】工具栏，然后在场景中使用【手绘线】工具绘制出一个曲线平面，如图 2-567 所示。

02 选择平面，启用【推/拉】工具按住 Ctrl 键向上推拉复制，完成效果至如图 2-568 所示。

03 选择推拉出的平面进行删除，仅保留边线效果作为等高线，如图 2-569 所示。

04 启用【缩放】工具，从下至上选择边线逐个进行缩小，如图 2-570 所示。在缩小时可以按住 Ctrl 键以进行中心缩放，最终得到如图 2-571 所示的效果。

图 2-567　绘制曲线平面　　　　　图 2-568　移动复制平面　　　　图 2-569　删除所有的面

图 2-570　逐个调整边线大小　　　　图 2-571　边线调整完成效果　　　　图 2-572　全选边线

05 缩放完成后全选所有边线，如图 2-572 所示。

06 单击【根据等高线创建】按钮，根据制作好的等高线，SketchUp 将生成对应的地形效果，如图 2-573 所示。

07 选择地形模型单击鼠标右键，选择其中的【编辑组】菜单命令，如图 2-574 所示。

图 2-573　创建地形效果　　　　　　　　　图 2-574　选择【编辑组】命令

08 逐步选择地形上方保留的边线进行删除，删除完成后即获得单独的地形模型，如图 2-575 与图 2-576 所示。

图 2-575　删除边线　　　　　　　　　图 2-576　地形模型

　　利用【根据等高线创建】制作出的地形细节效果完全取决于等高线的精细程度，等高线越紧密制作的地形也越细致。在 SketchUp 中更为常用的地形为【根据网格创建】地形，接下来就了解其创建的方法与技巧。

2. 根据网格创建建模

01 启用【沙箱】工具后单击【根据网格创建】按钮，等光标变成在【栅格间距】内输入单个网格的长度，然后按 Enter 键确定，如图 2-577 所示。

02 在绘图区目标位置单击，确定【根据网格创建】绘制起点，然后拖动鼠标以绘制网络的总宽度并按 Enter 键确定，如图 2-578 与图 2-579 所示。

图 2-577　输入单个网格长度　　　　图 2-578　绘制网格宽度　　　　图 2-579　绘制网络总宽度

03 【根据网格创建】总宽度确定好后再横向拖动鼠标，绘制出网络的长度，最后按 Enter 键确定即可完成绘制，如图 2-580 与图 2-581 所示。

【根据网格创建】绘制好完成后，使用【沙箱】工具栏中其他工具进行调整与修改才能产生地形效果。首先了解【曲面起伏】工具的使用方法与技巧。

技 巧

在输入【栅格间距】并确定后，绘制网络时每个刻度之间的距离即为设定间距宽度。

3. 曲面起伏

01 绘制好的【根据网格创建】默认为【组】，无法使用【沙箱】工具栏中的工具进行调整，如图 2-581 所示。选择【根据网格创建】模型后单击鼠标右键并选择【炸开模型】命令使其变成"面"如图 2-582 所示。

图 2-580　网格绘制完成　　　　图 2-581　无法修改默认网格　　　　图 2-582　炸开网格

02 单击选择创建的网格，即可发现其已经成为了一个由细分面组成的大型平面，如图 2-583 所示。

03 此时启用【曲面起伏】工具，即可发现其光标已经变成了 🔷状，并能自动捕捉网格上的交点，如图 2-584 所示。

图 2-583　分解后的网格　　　　图 2-584　启用曲面起伏工具　　　　图 2-585　选择交点

技 巧

【曲面起伏】图标下方的红色圆圈为其影响的范围大小，在启用该工具后即可输入数值自定义其【半径】大小。

04 单击选择网格上任意一个交点，然后推拉鼠标即可产生地形的起伏效果，如图 2-585 与图 2-586 所示。

05 确定好地形起伏效果后再次单击，即可完成该处地形效果的制作，如图 2-587 所示。

【曲面起伏】工具是制作【根据网格创建】地形起伏效果的主要工具，因此通过对【根据网格创建】的点、线、面进行不同的选择，可以制作出丰富的地形效果。

技 巧

在单击确定地形起伏效果前直接输入数值可以得到精确的高度，如图 2-588 所示，如果输入负值则将产生凹陷效果。此外对于通过【根据等高线创建】工具创建的地形，同样需要先将其炸开，才能进行编辑，如图 2-589 和图 2-590 所示。

图 2-586 制作地形起伏效果

图 2-587 起伏效果制作完成

图 2-588 输入数值指定精确起伏高度

图 2-589 等高线地形

图 2-590 炸开等高线地形

4. 点拉伸

默认设置下启用【曲面起伏】工具后，其将自动捕捉【根据网格创建】的交点与边线。此时如果选择任意一个交点进行拉伸即可制作出具有明显"顶点"的地形起伏效果，如图 2-591 与图 2-592 所示。

图 2-591 选择单个交点

图 2-592 拉伸顶点地形效果

> **技 巧**
>
> 选择的交点在拉伸后即为地形起伏的"顶点"。使用这种方法一次只能选择一个顶点，因此所制作出的地形起伏比较单调，接下来学习【线】与【面】的拉伸。

5. 线拉伸

01 启用【曲面起伏】工具后选择到任意一条边线，推动鼠标即可制作比较平缓的地形起伏效果，如图 2-593 与图 2-594 所示。

图 2-593 选择单个边线

图 2-594 拉伸边线地形起伏效果

02 如果在启用【曲面起伏】工具前选择到【根据网格创建】面上的连续边线，然后再启用【曲面起伏】工具进行拉伸，则可得到具有"山脊"特征的地形起伏效果，如图 2-595~图 2-597 所示。

图 2-595　选择连续边线　　　　　图 2-596　拉伸连续边线　　　　　图 2-597　拉伸连续边线完成效果

03 在【根据网格创建】面上选择间隔的多条边线，再启用【曲面起伏】工具进行拉伸，则可得到连绵起伏的地形效果，如图 2-598~ 图 2-600 所示。

图 2-598　选择间隔边线　　　　　图 2-599　拉伸间隔边线　　　　　图 2-600　拉伸完成效果

04 执行【视图】|【隐藏物体】菜单命令，可以将【根据网格创建】中隐藏的对角边线进行虚显，选择对角边线后启用【曲面起伏】工具进行拉伸，可以得到斜向的起伏效果，如图 2-601 ~图 2-603 所示。

技 巧

　　在使用【曲面起伏】工具制作【根据网格创建】地形起伏效果时，【线】拉伸是主要手段。在制作过程中应该根据连续边线、间隔边线以及对角线的位伸特点，灵活地进行结合运用。

图 2-601　选择【隐藏物　　　　　图 2-602　选择对角边线　　　　　图 2-603　拉伸对角边线效果
体】命令

6.　面拉伸

01 在启用【曲面起伏】工具前，在【根据网格创建】面上选择任意一个面即可制作具有"顶部平面"的地形起伏效果，如图 2-604~图 2-606 所示。

图 2-604　选择面

图 2-605　拉伸面

图 2-606　拉伸面效果

02　同样进行【面】拉伸时可以选择多个顶面同时拉伸，以制作出连绵起伏的地形效果，如图 2-607~图 2-609 所示。

图 2-607　选择多个面

图 2-608　拉伸多个面

图 2-609　拉伸多个面效果

7. 曲面平整

在实际项目的制作中经常会遇到需要在起伏的地形上放置规则的建筑物的情况，此时使用【曲面平整】工具可以快速制作出放置建筑物的平面，接下来了解其上体的操作方法与技巧。

01　打开配套资源中的"第 02 章|2.5.6.7 曲面平整"文件，如图 2-610 所示。使用【曲面平整】工具使场景中的模型贴合地放置在山顶上。

02　选择房屋模型，然后启用【曲面平整】工具，如图 2-611 所示。

03　启用【曲面平整】工具后选择的"房屋"模型下方即会出现一个矩形，如图 2-612 所示。

04　光标移动至【根据网格创建】地形上方时将变成 状，而【根据网格创建】地形也将显示细分面效果，如图 2-613 所示。

图 2-610　打开场景模型

图 2-611　启用【曲面平整】工具

图 2-612　模型下显示

05　在【根据网格创建】地形上单击，进行确定，【根据网格创建】地形即会出现如图 2-614 所示的平面。

06　选择其上方的"房屋"，移动到其产生的平面上即可，如图 2-615 所示。

注意

在【根据网格创建】地形上单击，形成平面后，应该在空白处单击，确定平面效果。如果此时将平面向上拉伸至与房屋底面贴合，地形将产生生硬的边缘现象，如图 2-616 所示。

图 2-613 网格地形细分面

图 2-614 生成平面

图 2-615 移动房屋至平面上

07 如果在启用【曲面平整】工具后输入较大的偏移数值，再单击【根据网格创建】地形将会产生更大的平整范围，如图 2-617 与图 2-618 所示。但此时绝对的平整区域将仍保持与房屋底面等大，仅在周边产生更多的三角细分面，因此通常保持默认即可。

图 2-616 拉伸平面至房屋

图 2-617 增大影响范围

图 2-618 更大的平整影响区域

8. 创建公路

在使用 SketchUp 进行城市规划等场景的制作时，通常会遇到需要在连绵起伏的地形上制作公路的情况，此时使用【曲面投射】工具可以快速制作出山间公路等效果，具体操作方法与技巧如下：

01 打开配套资源"第 02 章|2.5.6.8 创建道路"模型，如图 2-619 所示。接下来利用【曲面投射】工具在地形表面制作出一条公路的效果。

02 首先使用【手绘线】工具在其上方绘制出公路的平面模型，然后将其移动至【曲面】地形正上方，如图 2-620 与图 2-621 所示。

图 2-619 打开场景模型

图 2-620 绘制公路平面

图 2-621 移动公路平面至地形正上方

03 选择公路模型平面后启用【曲面投射】工具，此时将光标置于【根据网格创建】地形上时将变成 🖐 状，而【根据网格创建】地形也将显示细分面效果，如图 2-622 与图 2-623 所示。

04 在【根据网格创建】地形上单击，进行【曲面投射】，投影完成即生成如图 2-624 所示的效果，可以看到在【根据网格创建】地形出现了公路的轮廓边线效果。

9. 细分地形

在使用【根据网格创建】进行地形效果的制作时，过少的细分面将使地形效果显得生硬，过多的细分面则会增大系统显示与计算负担。使用【添加细部】工具可以在需要表现细节的地方增大细分面，而其他区域将保持较少的细分面，具体的操作方法如下：

01 启动 SketchUp，以 500mm 的宽度创建一个【根据网格创建】地形平面，如图 2-625 所示。

02 直接使用【曲面起伏】工具选择交点进行拉伸，可以发现起伏边缘比较生硬，如图 2-626 所示。

图 2-622 选择公路平面并启用【投影】工具 　图 2-623 将光标置于网格地形上方 　图 2-624 在网格地形表面投影出公路轮廓

03 为了使边缘显得平滑，可以在使用【曲面起伏】工具前选择将要进行拉伸的网格面，然后再单击【添加细部】工具对选择面进行细分，如图 2-627 与图 2-628 所示。

图 2-625 创建网格地形平面 　　图 2-626 直接拉伸交点效果 　　图 2-627 选择将要拉伸的细分面

04 细分完成后再使用【曲面起伏】工具进行拉伸，即可得到平滑的拉伸边缘，如图 2-629 与图 2-630 所示。

图 2-628 对网格面进行细分 　　图 2-629 拉伸细分后的网格面 　　图 2-630 拉伸完成效果

10. 对调角线

在虚显【根据网格创建】地形的对角边线后，启用【对调角线】工具可以根据地势走向对应改变对角边线方向，从而使地形变得平缓一些，如图 2-631~图 2-634 所示。

图 2-631 启用【对调角线】工具 　　　　　　　　　图 2-632 对调对角线朝向

图 2-633　启用【对调角线】工具

图 2-634　反转对角线朝向

2.6 SketchUp 光影设定

2.6.1 设置地理参照

设置准确的场景模型地理位置是 SketchUp 产生准确光影效果的前提，通过【模型信息】面板可以进行模型精确的定位，具体操作方法如下：

01　打开配套资源"第 02 章|2.6.1SketchUp 光影.skp"模型，如图 2-635 所示。

02　执行【窗口】/【模型信息】菜单命令，打开【模型信息】面板。

03　在【模型信息】面板中选择【地理位置】选项卡，此时在【地理参照】选项下可以看到当前场景的地理位置信息，如图 2-636 所示。

图 2-635　打开场景模型

图 2-636　选择【地理位置】选项卡

注　意

通过 Google 3D 模型库下载的标志性建筑，通常已经进行了准确【地理参照】定位，如图 2-637 所示。

04　单击【高级设定】参数栏的【手动设置位置】按钮，打开【手动设置地理位置】面板，如图 2-638 所示。

05　此时在【纬度】、【经度】框内可以输入准确的经度、纬度坐标，如图 2-639 所示。

注　意

在【手动设置地理位置】面板中，还可以设置【国家/地区】与【位置】，在有准确的经度、纬度数据的前提下这两项参数可以留白。

06 设置好场景地理位置后，即可发现场景中模型阴影已经发生了变化，如图 2-640 所示。而【地理位置】选项卡内【地理参照】一栏中也出现了设置的经度、纬值，如图 2-641 所示。

图 2-637　有地理参照的模型

图 2-638　打开【手动设置地理位置】面板

图 2-639　手动输入经度、纬度

图 2-640　调整地理位置后的阴影变化

图 2-641　显示的模型地理位置信息

2.6.2 设置阴影工具栏

通过【阴影】工具栏可以对时区、日期、时间等参数进行十分细致的调整，从而模拟出十分准确的光影效果，执行【视图】/【工具栏】菜单命令，调出【阴影】工具栏，如图 2-642 所示

图 2-642　【阴影】工具栏

□　阴影对话框

单击【窗口】|【默认面板】|【阴影】按钮，即可打开【阴影】设置面板，如图 2-643 所示。

【阴影】面板第一个参数为 UTC 调整，以 UTC 为参照标准，北京时间先于 UTC 8 个小时，在 SketchUp 中则对应的调整其为 UTC+8:00，如图 2-644 所示。

注　意

UTC 是协调世界时(Universal Time Coordinated)英文缩写。UTC 以本初子午线(即经度 0 度)上的平均太阳时为统一参考标准，各个地区根据所处的经度差异进行调整以设置本地时间。在中国统一使用北京时间(东八区)为本地时间。

设置好 UTC 时间后，拖动【阴影】面板【时间】或【日期】滑块，即可产生对应的阴影效果，如图 2-645 与图 2-646 所示。

图 2-643　【阴影】面板

图 2-644　调整 UTC 时间

图 2-645　13：30 的阴影效果

图 2-646　16：00 的阴影效果

图 2-647　【亮】和【暗】为 0

注　意

只有在场景设置的 UTC 时间与地理位置相符的前提下调整【时间】滑块才可能产生正确的阴影效果。

在其他参数相同的前提下，调整【亮】和【暗】的滑块可以调整场景整体亮度，数值越小场景整体越暗，如图 2-647 ~ 图 2-649 所示。

此外通过设置【显示】参数选项，可以控制场景模型【平面上】以及【地面上】是否接收阴影，如图 2-650 与图 2-651 所示。

图 2-648　【亮】和【暗】为 50

图 2-649　【亮】和【暗】为 80

图 2-650　取消平面上阴影

在 SketchUp 中，不可同时取消【平面上】及【地面上】对阴影的接收。而默认设置下单独的线段也能产生影响，如图 2-652 所示。取消【起始边线】复选框勾选，即可关闭边线阴影，如图 2-653 所示。

图 2-651　取消地面阴影　　　　图 2-652　线段产生阴影　　　　图 2-653　线段不产生阴影

2.6.3 阴影显示切换

在 SketchUp 中，可以通过单击【阴影】工具栏【显示/隐藏阴影】按钮，快速对整个场景的阴影进行显示与隐藏，如图 2-654 与图 2-655 所示。

图 2-654　显示阴影　　　　　　　　　　　　图 2-655　隐藏阴影

2.6.4 日期与时间

【阴影】工具栏【日期】与【时间】滑块与【阴影设置】对话框的同名滑块功能一致，且两者为联动设置，调整滑块即可实时调整阴影效果，如图 2-656 与图 2-657 所示，比【阴影设置】对话框调整更为方便、快捷。

图 2-656　调整日期改变阴影　　　　　　　　图 2-657　调整时间改变阴影

注意

手动调整【阴影】工具栏【日期】滑块时，【时间】滑块将自动进行小幅度的调整。而手动调整【时间】滑块时，则不会影响【日期】滑块。

2.6.5 物体的投影与受影

在现实的物理世界中，除非是非常透明的物体，否则在灯光的照射下都会产生或接受阴影效果。在 SketchUp 中有时为了美化图像，保持整洁感与鲜明的明暗对比效果，可以人为地取消一些附属模型的投影与受影，具体的操作方法如下：

01 将 2.6.5 节中的"阴影设置"模型的阴影效果调整如图 2-658 所示，使其中的"单车"在其后方的模型表面与地面均产生阴影，而后方的模型仅在地面产生阴影。

02 选择"单车"单击鼠标右键，在弹出的快捷菜单中选择【模型信息】命令，如图 2-659 所示。

图 2-658　调整阴影效果

图 2-659　选择模型信息

03 在弹出的【图元信息】面板中取消【阴影投射】参数的勾选，即可隐藏单车产生的阴影，如图 2-660 所示。

04 选择"单车"后方的"墙体"，勾选其【接收阴影】选项，"栅格"表面即会接收"单车"模型的投影，如图 2-661 所示。

图 2-660　取消单车投影

图 2-661　接收墙体的投影

2.7 SketchUp 常用插件

作为一款新兴的三维软件，SketchUp 在某些方面还是有很多的不足。为此，很多第三方开发了相应的建模、渲染等插件，以增强 SketchUp 的功能，提高工作的效率。本节介绍其中一些常用的建模插件。

2.7.1 SUAPP 插件

1.　通过插件创建模型

通过 SUAPP 中的一些命令可以直接创建建筑墙体、门窗、支柱、屋顶等常用结构，如图 2-662 所示。本节以创建墙体为例介绍其操作方法。

01 执行【扩展程序】/【轴网墙体】/【绘制墙体】菜单命令，指定起点与终点，按 Tab 键弹出【参数设置】面板，如图 2-663 与图 2-664 所示。

02 在【参数设置】面板中设置好【墙体宽度】与【墙体高度】数值后单击【确定】按钮，然后在视图中按住鼠标左键进行拖动，确定墙体方向与长度，如图 2-665 所示。

图 2-662　SUAAp 子菜单中的功能命令　　图 2-663　执行【绘制墙体】菜单命令　　图 2-664　【参数设置】面板

03 松开鼠标左键即可自动生成墙体，如图 2-666 所示。通过该种方式选择菜单中对应的命令即可创建常用的建筑构件等模型，如图 2-667~图 2-670 所示。

04 此外通过【三维体量】中的菜单命令还可以快速绘制出一些常用的几何体模型，如图 2-671 与图 2-672 所示。

图 2-665　拖动鼠标创建墙体　　图 2-666　墙体创建完成效果　　图 2-667　建筑结构创建效果

图 2-668　各式楼梯创建效果　　图 2-6696　门窗及常用家具创建效果　　图 2-670　房屋屋顶结构创建效果

2.　通过插件修改生成模型

SUAPP 除了通过参数生成一些常用的模型与几何体外，还可以通过当前创建的简单模型生成如玻璃幕墙、斜坡屋顶等三维模型，下面以生成玻璃幕墙为例为大家介绍该种使用方法：

01 在视图中创建一个平面，然后执行【扩展程序】/【门窗构件】/【玻璃幕墙】菜单命令，如图 2-673 所示。

02 在弹出的【参数设置】面板中设置好玻璃幕墙模型的各个特征，如图 2-674 所示。

03 单击【确定】按钮，即可将之前创建的平面转变为对应参数设定的玻璃幕墙模型，如图 2-675 所示。

通过类似的方法还可以生成多种屋顶模型，如图 2-676 所示。

图 2-671 执行【绘几何体】菜单命令

图 2-672 绘制常用的几何体

图 2-673 执行【玻璃幕墙】菜单命令

图 2-674 设置玻璃幕墙参数

图 2-675 玻璃幕墙生成效果

图 2-676 各种屋顶生成效果

3. 通过插件进行模型修改

通过 Suapp 中的一些命令可以快速对已经创建的模型进行修改，不但可以轻松创建出门洞、窗洞等结构，还能快速进行圆角、倒角等细节修改，操作步骤如下：

01 执行【扩展程序】/【门窗构件】/【自由挖洞】菜单命令，然后选择一面墙体创建出开洞的形状与大小，如图 2-677 与图 2-678 所示。

02 确定开洞形状与大小后松开鼠标，然后选择创建的分割面进行删除，即可创建出门洞或窗洞，如图 2-679 所示。

图 2-677 执行【自由挖洞】菜单命令

图 2-678 划定开洞的形状与大小

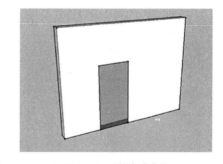

图 2-679 开洞完成效果

如果要进行线形或面细节的修改，则可以通过【线面工具】子菜单实现，下面以进行圆角效果的处理为例，为大家介绍操作方法：

03 选择要进行圆角处理的线段，然后执行【扩展程序】/【线面工具】/【线倒圆角】菜单命令，如图 2-680

所示。

04 直线输入圆角半径,然后按 Enter 键确定生成圆角线段,删除多余的线段即可生成圆角,如图 2-681 与图 2-682 所示。

图 2-680　执行【线倒圆角】菜单命令

图 2-681　输入圆角半径

图 2-682　圆角完成

4. 插件的其他功能

此外通过 Suapp 还可以进行模型调整、标注、图层群组管理以及渲染动画等辅助操作,如图 2-683-图 2-688 所示。

图 2-683　【镜像物体】命令

图 2-684　镜像完成效果

图 2-685　【角度标注】命令

图 2-686　角度标注完成效果

图 2-687　【图层群组】管理子菜单

图 2-688　【渲染动画】子菜单

2.7.2 超级推拉插件

通过【超级推拉】插件，可以弥补 SketchUp 默认【推/拉】工具的诸多限制，轻松实现多面同时推拉、任意方向推拉等操作，在此介绍常用的几种超级推拉工具。

1. 联合推拉

01　SketchUp 默认的【推/拉】工具每次只能进行单面推拉，如图 2-689 所示，在曲面上分多次推拉相邻的面，则会由于保持法线方向而形成分叉的效果，如图 2-690 所示。

02　执行【扩展程序】/【线面工具】/【联合推拉】菜单命令，如图 2-691 所示。

03　同时选择相邻以及间隔面进行推拉，且相邻面将产生合并的推拉效果，如图 2-692~图 2-695 所示。

图 2-689　单面推拉

图 2-690　相邻面默认推拉效果

图 2-691　选择【联合推拉】命令

图 2-692　同时选择相邻面

图 2-693　相邻面联合推拉

图 2-694　同时选择相邻及间隔面

04　进行【联合推拉】时按 Tab 键，在弹出的面板中设置相应的参数，如图 2-696 所示。确定后的推拉效果如图 2-697 所示。

图 2-695　联合推拉　　　　　　图 2-696　设置自由推拉参数　　　　　图 2-697　联合推拉完成效果

2. 向量推拉

01　默认【推/拉】工具只能选择单个平面在法线方向上进行延伸，如图 2-698 所示。

02　选择多个平面，启用【向量推拉】工具则可进行任意方向的推拉，如图 2-699 ~ 图 2-701 所示。

图 2-798　默认推拉效果　　　　图 2-699　选择多面进行矢量推拉　　　图 2-700　上下推拉效果

03　启用命令后按 Tab 键，弹出面板在其中设置相应的参数，完成效果如图 2-702 与图 2-703 所示。

图 2-701　左右推拉效果　　　　　图 2-702　参数设置面板　　　　　　图 2-703　向量推拉完成效果

3. 法线推拉

01　默认的【推/拉】工具向前推拉时，是沿法线方向进行单面延伸，如图 2-704 所示。

02　启用【法线推拉】工具，可以同时对多个面进行法线方向的延伸，如图 2-705 与图 2-706 所示。

图 2-704　多个面默认推拉效果　　图 2-705　选择多个面进行法线推拉　　图 2-706　多面法线推拉完成效果

03　SketchUp 默认【推/拉】工具向后推拉时，为沿法线方向进行推空效果，如图 2-707 所示。

04 启用【法线推拉】工具向后推拉，将不产生推空效果，而产生反向的延长效果，如图 2-708 与图 2-709 所示。

图 2-707　默认向内推拉效果　　　　图 2-708　法线向内推拉　　　　图 2-709　法线向内推拉完成效果

2.7.3 生成栅格工具

在创建柜子模型时，常常需要绘制隔板来划分柜子内部的空间。启用【生成栅格】工具，可以快速地创建指定规格的栅格模型。

01 执行【扩展程序】\【三维体量】\【生成栅格】菜单命令，如图 2-710 所示。

02 弹出【参数设置】面板，设置参数，如图 2-711 所示。

03 单击【确定】按钮，继续设置栅格参数，如图 2-712 所示。

04 单击【确定】按钮，创建栅格，如图 2-713 所示。

图 2-710　选择【生成栅格】命令

图 2-711　设置栅格参数

图 2-712　继续设置栅格参数

图 2-713　生成的栅格效果

2.7.4 形体弯曲工具

如果想要创建弧形的文字或者几何模型，可以启用【形体弯曲】工具，可以极大地简化操作过程。

01 激活【三维文字】工具，进入相关面板输入一行文字，如图 2-714 所示。

02 单击【放置三维文本】面板中的【放置】按钮，在视图中单击，创建文字，如图 2-715 所示。

图 2-714　输入三维文本

图 2-715　放置三维文本

03 启用【直线】与【圆弧】工具，创建线段与圆弧，如图 2-716 所示。

04 选择创建的文字，执行【扩展程序】\【三维体量】\【形体弯曲】菜单命令，如图 2-717 所示。

图 2-716　绘制线段与圆弧

图 2-717　执行【形体弯曲】命令

05 启用命令后选择直线，在直线的两端出现"起点"与"终点"，如图 2-718 所示，文字将沿该线段进行排列。

图 2-718　选择线段作为弯曲路径

图 2-719　选择弧形作为弯曲路径

06 选择创建好的弧形确定进行变形，稍等片刻后即能自动生成对应的变形效果，如图 2-719 与图 2-720 所示。

图 2-720　最终效果

2.7.5　贝兹曲线工具

运用【贝兹曲线】工具，通过指定节点数创建圆滑曲线，弥补 SketchUp 曲线造型能力的不足。

01 执行【扩展程序】\【线面工具】\【贝兹曲线】菜单命令，如图 2-721 所示。

02 在绘图区单击指定曲线起点与结束点，移动鼠标指定控制点，如图 2-722 所示。

03 鼠标拖动控制点，指定曲线的第三点，创建曲线的效果，如图 2-723 与图 2-724 所示。

图 2-721　选择【贝兹曲线】命令

图 2-722　指定曲线各个点

图 2-723　继续指定控制点

图 2-724　绘制的贝兹曲线效果

2.7.6　自动封面工具

在建筑建模过程中，常常因为无法闭合复杂的轮廓线而烦恼不已。此时利用【自动封面】工具，可以快速的闭合选中的轮廓线。

01 在 SketchUp 中，在封面的时候常常出现错误，导致无法闭合的情况，如图 2-725 所示。

02 此时选择线，执行【扩展程序】\【线面工具】\【自动封面】菜单命令，如图 2-726 所示。

03 打开【自动封面】面板，设置参数，单击【自动封面】按钮，如图 2-727 所示。

图 2-725 无法闭合的轮廓　　　图 2-726 选择【自动封面】命令　　　图 2-727 设置自动封面参数

04 自动封面的效果如图 2-728 所示。

05 执行【扩展程序】\【线面工具】\【绘螺旋线】菜单命令，还可以制作螺旋曲线，如图 2-729 所示。

图 2-728 自动封面的效果　　　　　　　图 2-729 绘制螺旋线

2.7.7 房间布置工具

通过 Suapp 插件中的【房间屋顶】菜单，可以快速创建各种常用柜子模型以及屋顶结构，本例主要讲解【房间布置】中【厨柜】命令的使用。

在【房间布置】菜单中，提供了创建【橱柜】、【地柜】、【吊柜】的命令，本节介绍创建方法。

1. 创建橱柜

01 打开【扩展程序】\【房间屋顶】\【房间布置】子菜单，可以发现其有【厨柜】、【地柜】以及【吊柜】三个命令，如图 2-730 所示。

图 2-730 【房间布置】子菜单　　　图 2-731 设置橱柜/柜门/台面参数　　　图 2-732 生成橱柜模型

02 选择其中的【厨柜】命令，弹出对应的参数面板，如图 2-731 所示。

03 设置参数后单击【确定】按钮，即可生成相应的厨柜模型，如图 2-732 所示。

2. 创建地柜

04 打开【扩展程序】\【房间屋顶】\【房间布置】子菜单，选择【地柜】命令，如图 2-733 所示。

05 弹出【参数设置】面板，设置参数值如图 2-734 所示，接着单击【确定】按钮。

图 2-733　选择【地柜】命令

图 2-734　设置地柜参数

06 设置门的宽度值，如图 2-735 所示，接着单击【确定】按钮。

07 单击【是】按钮，如图 2-736 所示，选择继续创建门。

图 2-735　设置地柜门参数

图 2-736　询问是否继续创建门

08 单击【是】按钮，选择创建双开门，如图 2-737 所示。

09 单击【是】按钮，选择继续创建台板，如图 2-738 所示。

图 2-737　询问是否创建双开门

图 2-738　询问是否继续创建台板

10 创建地柜的效果如图 2-739 所示。

3. 创建吊柜

11 打开【扩展程序】\【房间屋顶】\【房间布置】子菜单，选择【吊柜】命令，如图 2-740 所示。

12 在弹出的面板中设置相关参数，如图 2-741 所示。

13 创建吊柜的效果如图 2-742 所示。

图 2-739　创建地柜效果

图 2-740　选择【吊柜】命令

图 2-741　设置吊柜参数

图 2-742　创建吊柜效果

2.7.8 线转栏杆工具

启用【线转栏杆】工具，可以在直线的基础上生成栏杆模型。用户可以自定义参数，控制所创建的栏杆符合自己的需要。

01 在绘图区创建一条线段，执行【扩展程序】\【建筑设施】\【线转栏杆】菜单命令，如图 2-743 所示。

02 弹出【参数设置】面板，设置相关参数，如图 2-744 所示。

图 2-743　选择【线转栏杆】命令

图 2-744　设置栏杆参数

03 在面板中设置扶手的相关参数，如图 2-745 所示。

04 生成栏杆的效果如图 2-746 所示。

参数设置 [SUAPP.ME]	✕
扶手宽度：	60mm
扶手高度：	40mm
立柱宽度：	50mm
立柱厚度：	50mm

确定　取消

图 2-745　设置扶手参数

图 2-746　生成栏杆效果

3000.0mm

300.0mm

第 **3** 章

制作园林景观小品模型

本章将通过一些常见的园林景观小品模型的创建，使读者
能够快速熟悉 SketchUp 的工作界面，理解和掌握 SketchUp 模型
的基本创建方法与应用技巧。

3.1 制作艺术装饰灯柱

园灯是一种引人注目的园林小品，白天可点缀景色，夜间可以照明，具有指示和引导游人的作用。此外，园灯还可以突出重点景色，有层次地展开组景序列和勾画庭园轮廓的作用。

3.1.1 制作底座

01 启动 SketchUp，设置单位与精确度，如图 3-1 所示。

02 按 R 键启用【矩形】工具，在【俯视图】中建立一个边长为 800mm 的矩形作为底座平面，如图 3-2 所示。

图 3-1　设置单位与精确度

图 3-2　绘制底座矩形平面

03 按 P 键启用【推/拉】工具，将底座平面拉伸 450mm 的高度，然后打开【材料】面板赋予石材，如图 3-3 所示。

04 结合使用【偏移】与【推/拉】工具制作底座细节，如图 3-4~图 3-6 所示。

图 3-3　推拉底座高度并赋予石材

图 3-4　向外偏移复制 20mm

05 将制作好的底座模型创建为【组】，如图 3-7 所示。

图 3-5　推出 30mm 厚度

图 3-6　底座细节完成效果

图 3-7　将底座创建为组

3.1.2　制作柱身

01 结合使用【矩形】与【推/拉】工具制作底部柱身，如图 3-8 与图 3-9 所示。

02 启用【推/拉】工具，按住 Ctrl 键进行多次推拉复制，制作底部柱身分段，如图 3-10 与图 3-11 所示。

图 3-8　绘制柱身平面

图 3-9　推拉第一段高度

图 3-10　推拉第二段高度

03 结合使用【直线】与【推/拉】工具，制作底部柱身拼缝细节，如图 3-12 与图 3-13 所示。

图 3-11　继续推拉柱身其他分段

图 3-12　绘制中线

图 3-13　制作柱身拼缝细节

04 结合使用【卷尺】、【直线】和【推/拉】工具，制作底部柱身中部凹凸细节，如图 3-14 与图 3-15 所示。

图 3-14　创建分割线

图 3-15　制作中部凹凸细节

图 3-16　选择【拆分】命令

05 选择边线单击鼠标右键，选择【拆分】命令，将其拆分为 3 段，使用【直线】工具分割发光片，如图 3-16~图 3-18 所示。

图 3-17　拆分边线为三段

图 3-18　分割发光片面

图 3-19　偏移复制

06 结合使用【偏移】与【推/拉】工具制作发光片细节，如图 3-19 与图 3-20 所示。

07 打开【材料】面板赋予柱身与灯片对应材质，如图 3-21 与图 3-22 所示。

图 3-20　向内推拉

图 3-21　赋予底部柱身石材

图 3-22　赋予发光片金属材质

08 选择细分好的柱身模型面，通过多重旋转复制，制作其他三个面的柱身细节，如图 3-23 所示。

09 结合使用【矩形】与【推/拉】工具，制作中部连接造型，如图 3-24 所示。

10 结合使用【直线】与【偏移】工具，分割连接造型细节，然后赋予石材，如图 3-25 所示。

图 3-23　多重旋转复制柱身细节

图 3-24　制作中部连接造型

图 3-25　制作细节并赋予材质

11 结合使用【推/拉】与【缩放】工具，制作上部柱身第一段造型，如图 3-26 所示。

12 结合使用【直线】与【圆弧】工具，绘制顶部圆角细节，然后重复之前的操作，制作上部柱身造型，如图 3-27 与图 3-28 所示。

图 3-26　推拉并缩放制作上部柱身第一段造型

图 3-27　绘制顶部圆角细节

图 3-28　推拉高度并再次缩放

13 启用【圆】工具，捕捉边线中点创建一个圆形，然后向下推拉，制作圆柱装饰抽缝，如图 3-29 与图 3-30 所示。

14 多重旋转复制装饰圆柱，效果如图 3-31 所示。

图 3-29　绘制圆形平面

图 3-30　推拉出圆柱抽缝

图 3-31　旋转复制圆柱抽缝

3.1.3 制作灯头

01 结合使用【偏移】与【推/拉】工具，制作顶部连接造型，如图 3-32 所示。

02 结合使用【圆】、【偏移】及【推/拉】工具制作灯架圆环，如图 3-33 所示。

03 结合使用【移动】、【缩放】及【旋转】工具制作灯架，如图 3-34~图 3-37 所示。

图 3-32　制作顶部连接造型

图 3-33　绘制灯架圆环

图 3-34　移动复制圆环

04 结合使用【圆弧】、【圆】及【路径跟随】工具制作灯罩模型，如图 3-38 与~图 3-40 所示。

05 使用【推/拉】工具制作灯罩顶部金属圆环，然后对齐之前制作好的灯，如图 3-41 与图 3-42 所示。

06 最终制作完成的艺术装饰灯柱模型效果如图 3-43 所示。

图 3-35　逐个缩放圆环

图 3-36　通过复制与缩放制作竖立圆环

图 3-37　灯架完成效果

图 3-38　绘制灯罩圆弧

图 3-39　绘制跟随路径

图 3-40　路径跟随制作灯罩

图 3-41　推拉灯罩上部细节

图 3-42　赋予材质并对齐位置

图 3-43　艺术装饰灯柱模型完成效果

3.2　制作树池坐凳

　　树池是种植树木的种植槽。树池处理得当，不仅有助于树木生长，美化环境，还具备很多功能。本例制作的树池坐凳以防腐木为材料。这样既开拓了行人穿越绿地的空间，满足行人的行为需求；同时树池坐凳将成为行人以及两侧建筑内居民的休憩场所，夏天在树荫下纳凉，冬天木质的座椅表面也不会让人感觉寒冷。

3.2.1　制作树池坐凳造型

01 启动 SketchUp，设置场景单位与精确度如图 3-44 所示。

02 执行【矩形】命令，在【俯视图】中绘制一个边长为 4800mm 的正方形平面，如图 3-45 所示。

03 启用【推/拉】工具，按住 Ctrl 键连续进行两次推拉，如图 3-46 所示。选择中间的分隔线，将其拆分为 4 段，如图 3-47 所示。

图 3-44　设置场景单位与精确度　　　　图 3-45　创建边长为 4800mm 的正方形　　　　图 3-46　向上推拉两次

04 启用【直线】工具，绘制线段分割坐凳侧面，如图 3-48 所示。使用【旋转】工具进行多重旋转复制，如图 3-49 所示。

图 3-47　拆分线段　　　　　　　　图 3-48　创建分割面　　　　　　　图 3-49　旋转复制分割面

05 启用【推/拉】工具，制作底部支撑石板，如图 3-50 与图 3-51 所示。

06 结合使用【偏移】与【推/拉】工具制作坐凳靠背，如图 3-52 与图 3-53 所示。

图 3-50　向内推空　　　　　　　　图 3-51　底部支撑完成效果　　　　　图 3-52　向内偏移复制

07 选择顶部平面，启用【缩放】工具，按住 Ctrl 键以 0.95 的比例进行中心缩放，形成靠背斜面，如图 3-54 所示。

08 选择顶部平面，结合【偏移】与【推/拉】工具制作靠背轮廓，如图 3-55 与图 3-56 所示。

09 结合使用【偏移】与【推/拉】工具，制作树池造型，如图 3-57~图 3-59 所示。

图 3-53　推拉出靠背轮廓

图 3-54　中心缩放

图 3-55　偏移复制

图 3-56　向下推拉 480mm

图 3-57　向内偏移复制 500mm

图 3-58　向下推拉 200mm

3.2.2 赋予树池材质

01　切换至【前视图】，调整为【平行投影】显示，如图 3-60 所示。选择底部支撑部分模型面，将其创建为【组】，如图 3-61 所示。

图 3-59　树池坐凳模型完成效果

图 3-60　切换至前视图并切换平行投影

图 3-61　创建底部支撑组

02　打开【材料】面板，赋予其石头材质，如图 3-62 所示。

03　选择树池平面，单独创建为【组】，然后对应赋予石头、草皮和木纹材质，如图 3-63 ~图 3-65 所示。

04　观察坐凳木纹材质，可以发现纹理大小与转角拼合细节都不理想，如图 3-66 所示。

05　启用【直线】工具绘制转角线，如图 3-67 所示。单击鼠标右键选择【位置】菜单命令，如图 3-68 所示，调整纹理细节如图 3-69 所示。

06　单面的纹理拼贴效果调整好后，此时如果直接再赋予其他模型面同样材质，将出现不理想的拼贴效果，如图 3-70 所示。

图 3-62　赋予底部支撑石材材质　　　　图 3-63　将树池模型面创建为组　　　　图 3-64　赋予草地材质

图 3-65　制作并赋予木纹材质　　　　图 3-66　直接赋予材质效果　　　　图 3-67　绘制转角线

图 3-68　选择【位置】菜单命令　　　　图 3-69　调整纹理方向与大小　　　　图 3-70　直接赋予材质效果

07 按住 Alt 键吸取已经调整的木纹材质，再赋予连接模型面，即可得到理想的纹理效果，如图 3-71~图 3-73 所示。

图 3-71　按住 Alt 键吸取材质　　　　图 3-72　赋予吸取材质　　　　图 3-73　赋予上部模型面材质效果

08 通过类似方法，赋予其他模型面相关材质并调整拼贴细节，完成树池坐凳材质制作，如图 3-74 所示。树池坐凳材质的完成效果，如图 3-75 所示。

图 3-74　材质拼贴细节　　　　　　　　图 3-75　树池坐凳完成效果　　　　　图 3-76　选择合并树木组件

09 打开【组件】面板，添加树木组件，摆放好位置之后启用【缩放】工具调整造型大小，如图 3-76 与图 3-77 所示。

10 本例树池坐凳最终完成效果如图 3-78 所示。

图 3-77　缩放调整树木大小　　　　　　　　　　图 3-78　树池坐凳完成效果

3.3 制作廊架组件

　　廊架通常在两个建筑物或两个观赏点之间，成为空间联系和空间分化的一种重要手段。它不仅具有遮风避雨、交通联系的实际功能，而且对园林中风景的展开和观赏程序的层次起着重要的组织作用。

3.3.1 制作石柱造型

01 启动 SketchUp，设置场景单位与精确度，如图 3-79 所示。

02 执行【矩形】命令，在【俯视图】中绘制一个平面，如图 3-80 所示。

03 启用【卷尺】工具，创建两条辅助线用于定位廊架立柱，如图 3-81 与图 3-82 所示。

04 执行【矩形】命令，捕捉辅助线交点为起点，创建一个边长为 350mm 的正方形，然后启用【推/拉】工具拉出 400mm 的高度，如图 3-83 与图 3-84 所示。

05 结合使用【偏移】与【推/拉】工具，制作石墩上部细节，如图 3-85 与图 3-86 所示。

06 赋予制作好的底部石墩麻石材质，如图 3-87 所示，然后将其单独创建为【组】，如图 3-88 所示。

07 结合使用【偏移】与【推/拉】工具，制作石墩上方的方柱模型，如图 3-89 ~ 图 3-90 所示。

08 重复类似操作，制作方柱柱头细节，如图 3-91 与图 3-92 所示。

09 整体赋予方柱石块材质，如图 3-93 所示。然后启用【卷尺】工具复制参考线，如图 3-94 所示。

图 3-79 设置场景单位与精确度

图 3-80 绘制矩形平面

图 3-81 创建垂直辅助线

图 3-82 创建水平辅助线

图 3-83 绘制正方形

图 3-84 推拉高度

图 3-85 偏移矩形轮廓

图 3-86 推拉制作石墩上部细节

图 3-87 赋予石材材质

图 3-88 创建组

图 3-89 向内偏移轮廓

图 3-90 推拉出方柱高度

图 3-91 向内偏移轮廓

图 3-92 推拉出柱头高度

图 3-93 赋予方柱石材

10 捕捉参考点，移动复制得到右侧的立柱模型，如图 3-95 与图 3-96 所示。

图 3-94　复制定位辅助线

图 3-95　移动复制立柱

图 3-96　多重移动复制

3.3.2 制作木栅格造型

01 下面制作木栅格与坐凳细节。切换至【前视图】，如图 3-97 所示。创建一条水平辅助线，如图 3-98 所示。

图 3-97　切换至前视图

图 3-98　创建定位辅助线

图 3-99　创建矩形

02 结合使用【矩形】与【偏移】工具，制作木栅格平面轮廓，如图 3-99 与图 3-100 所示。

03 选择内部的平面，单独创建为【组】，如图 3-101 所示。使用【推/拉】工具为外侧轮廓制作 100mm 的厚度，如图 3-102 所示。

04 选择内部平面边线并单击鼠标右键，选择【拆分】菜单命令进行拆分，然后使用【矩形】工具捕捉分割点绘制单个平面，如图 3-103~图 3-105 所示。

图 3-100　向内偏移复制

图 3-101　创建内部平面组

图 3-102　推拉出栅格厚度

05 使用【偏移】工具将绘制的矩形向内偏移 10mm，如图 3-106 所示。捕捉拆分点进行多重移动复制，如图 3-107 所示。

06 在竖直方向上捕捉拆分点，多重复制出栅格平面，然后启用【推/拉】工具制作 30mm 的内部栅格厚度，如图 3-108 与图 3-109 所示。

图 3-103 拆分上侧边线

图 3-104 拆分左侧边线

图 3-105 捕捉点绘制分割平面

图 3-106 向内偏移矩形

图 3-107 向右进行多重移动复制

图 3-108 向下进行多重移动复制

07 栅格创建完成后，对齐立柱中点，如图 3-110 所示。接下来制作立柱之间的石凳造型。

3.3.3 制作石凳造型

01 启用【矩形】工具，捕捉石墩边线绘制一个矩形平面，然后推拉出 300mm 的宽度，如图 3-111 与图 3-112 所示，石凳创建完成。

02 将创建完成的石凳复制到另一侧的立柱之间，这样廊架一侧的石柱造型创建完成，最后将其整体复制到廊架另一侧，如所示。

图 3-109 推拉出内部栅格厚度

图 3-110 对齐栅格与立柱

图 3-111 绘制坐凳侧面

3.3.4 创建顶部木架

01 启动【矩形】工具，创建一个 5950×180 的矩形平面，如图 3-114 所示。在两侧创建细分辅助线如图 3-115 所示。

02 启用【圆弧】工具，捕捉辅助线端点创建一段半径为 160mm 的圆弧，如图 3-116 所示。在右侧执行同样操作，然后使用【推/拉】工具推出 180mm 的厚度，与图 3-117 所示。

图 3-112　推拉出坐凳宽度　　　　　图 3-113　整体复制立柱等造型　　　　图 3-114　创建矩形平面

03 对齐木方与石柱的位置，然后向后进行移动复制，如图 3-118 与图 3-119 所示。

04 选择木方启用【旋转】工具，捕捉中点为旋转中心点，按住 Ctrl 键进行旋转复制，如图 3-120 所示。

图 3-115　创建定位辅助线　　　　　图 3-116　创建圆弧分割线段　　　　图 3-117　推拉出木方厚度

图 3-118　对齐木方与立柱　　　　　图 3-119　复制木方　　　　　　图 3-120　旋转复制木方

05 通过缩放调整木方的长度与厚度，如图 3-121 与图 3-122 所示。

06 使用多重移动复制，得到顶部其他木方，如图 3-123~图 3-125 所示。

图 3-121　缩小木方长度　　　　　图 3-122　缩小木方厚度　　　　　图 3-123　移动复制木方

07 最后进行一些细节调整，得到廊架模型最终效果如图3-126所示。

图 3-124　多重移动复制木方

图 3-125　复制出左侧木方

图 3-126　廊架模型完成效果

3.4 制作中式公交站台

公交站台也叫候车亭、公交站亭等，具有候车、交通指示、广告宣传等多种功能。本例制作的是中式公交站台，具有中式建筑的典型特征，反映出城市的历史底蕴和定位特色。

3.4.1 创建底板和圆柱

01 启动 SketchUp，设置场景单位与精确度，如图3-127所示。

02 执行【矩形】命令，在【俯视图】中绘制一个平面，如图3-128所示。

图 3-127　设置场景单位与精确度

图 3-128　绘制矩形平面

03 启用【推/拉】工具，推拉出平台底板240mm的高度，如图3-129所示。然后打开【材料】面板赋予底板石材，如图3-130所示。

图 3-129　推拉底板高度

图 3-130　赋予底板石材

04 启用【卷尺】工具绘制圆柱定位辅助线，如图3-131与图3-132所示。

图 3-131　创建圆柱定位辅助线

图 3-132　圆柱定位辅助线尺寸

05　在创建圆柱造型之前，将底部平台底板创建为【组】，然后捕捉辅助线交点绘制圆，如图 3-133 与图 3-134 所示。

图 3-133　将底板创建为组

图 3-134　绘制圆

图 3-135　推拉圆柱高度

06　启用【推/拉】工具，推拉出圆柱高度，打开【材料】面板赋予木纹材质，如图 3-135 与图 3-136 所示。

07　选择圆柱，捕捉辅助线交点进行移动复制，然后调整左侧第三根圆柱高度，如图 3-137 与图 3-138 所示。

图 3-136　赋予圆柱材质

图 3-137　参考辅助线复制圆柱

图 3-138　调整左侧第三根圆柱高度

08　将创建的圆柱创建为【组】，然后切换至【俯视图】，以方便制作顶部框架，如图 3-139 与图 3-140 所示。

3.4.2 制作顶部框架

01　启用【矩形】工具绘制平面，启用【偏移】工具向外制作 100mm 的边框，如图 3-141 与图 3-142 所示。

02　启用【矩形】工具，捕捉辅助线交点绘制中间的木方平面，如图 3-143 所示。然后删除多余平面，使用【推/拉】工具制作框架厚度，如图 3-144 所示。

03　赋予框架"原色樱桃木"材质，在【左视图】中调整框架位置，如图 3-145 所示。

04　选择制作好的框架，使用移动复制向上以 100mm 的距离进行复制，如图 3-146 所示。

图 3-139　将圆柱整体创建为组

图 3-140　切换至俯视图

图 3-141　绘制框架平面

图 3-142　向外偏移复制 100mm

图 3-143　创建并复制中间矩形

图 3-144　推拉框架厚度

图 3-145　调整框架位置

图 3-146　向上复制框架

图 3-147　调整上层框架宽度

05 结合【移动】及【推/拉】工具，调整上部框架造型，如图 3-147 与图 3-148 所示。

06 启用【矩形】工具，捕捉木方表面端点绘制支撑细节分割面，然后推/拉 100mm 的高度，如图 3-149 与图 3-150 所示。

图 3-148　调整两侧框架细节

图 3-149　创建框架细分面

图 3-150　推拉 100mm 高度

07 使用相同操作，制作其他框架支撑细节，完成效果如图 3-151 所示。接下来制作顶棚。

3.4.3 制作顶棚

01 启用【矩形】工具，绘制屋顶结构参考平面并调整好位置，如图 3-152 所示

02 启用【直线】工具，绘制屋顶轮廓细节，使用【推/拉】工具制作左侧屋顶长度，如图 3-153 与图 3-154 所示。

03 向右移动复制出右侧屋顶，对齐位置后调整好其长度，如图 3-155 与图 3-156 所示。

04 向上移动复制屋顶，然后在【左视图】中通过【缩放】工具调整屋顶造型，如图 3-157 与图 3-158 所示。

05 启用【推/拉】工具调整顶部屋顶宽度，然后整体对齐屋顶位置，如图 3-159 所示。

图 3-151　框架细节完成效果

图 3-152　绘制屋顶结构参考平面

图 3-153　绘制屋顶截面轮廓

图 3-154　推拉出左侧屋顶长度

图 3-155　复制并调整右侧屋顶

图 3-156　屋顶参考尺寸

图 3-157　向上复制屋顶

图 3-158　缩放调整屋顶结构

图 3-159　屋顶模型完成效果

06 打开【材料】面板，为屋顶各区域赋予对应材质，完成屋顶效果如图 3-160~图 3-162 所示。

图 3-160　赋予深色沥青材质　　　　图 3-161　赋予瓦片材质　　　　图 3-162　公交站台屋面完成效果

3.4.4 制作坐凳

01 结合使用【矩形】与【推/拉】工具制作坐凳平台与支撑柱，如图 3-163 与图 3-164 所示。

图 3-163　制作坐凳支撑柱　　　　图 3-164　制作坐凳平台　　　　图 3-165　赋予支撑柱石材

02 分别赋予坐凳平台与支撑柱木纹与石材，如图 3-165 所示。座椅平台完成效果如图 3-166 所示，接下来制作装饰结构。

3.4.5 制作装饰结构

01 参考圆柱与框架位置，使用【矩形】工具绘制一个 610×450 平面，然后将边线拆分为 3 段，如图 3-167 与图 3-168 所示。

图 3-166　座椅平台完成效果　　　　图 3-167　绘制矩形　　　　图 3-168　拆分边线

02 捕捉拆分点，使用【直线】工具创建分割面，然后结合使用【偏移】与【推/拉】工具制作细节与厚度，如图 3-169 与图 3-170 所示。

03 移动复制装饰结构，在右键快捷菜单中选择【翻转方向】|【红轴方向】命令，调整造型的朝向，如图 3-171 所示。

图 3-169　向内偏移复制 10mm　　　　图 3-170　制作装饰结构厚度并调整位置　　　图 3-171　复制并翻转装饰结构

04 结合使用【直线】及【推/拉】工具制作装饰结构上方的横梁，如图 3-172 与图 3-173 所示。

05 复制装饰结构，完成公交站台效果如图 3-174 所示，最后制作广告牌。

图 3-172　推拉横梁结构　　　　　　　图 3-173　横梁完成效果　　　　　　图 3-174　公交站台装饰结构完成效果

3.4.6 制作广告牌

01 参考站台圆柱之间的距离，使用【矩形】工具绘制广告牌平面，细化好造型后进行移动复制，如图 3-175 与图 3-176 所示。

02 经过以上步骤的制作，本例中式公交站台模型最终完成效果如图 3-177 所示。

图 3-175　绘制广告牌矩形平面　　　　图 3-176　制作并复制广告牌　　　　图 3-177　中式公交站台模型完成效果

3.5 制作竹石跌水

　　水体因重力而下跌，形成各种各样的瀑布、水帘等，称为"跌水"。跌水主要有瀑布、叠水、壁泉等类型。跌水活跃了园林空间，丰富了园林内涵，美化了园林的景致。

3.5.1 导入 AutoCAD 底图

01 启动 SketchUp，通过【模型信息】面板设置场景单位与精确度，如图 3-178 所示。

02 执行【文件】/【导入】菜单命令，如图 3-179 所示。

03 选择导入文件类型为 "AutoCAD 文件"，如图 3-180 所示，单击【选项】按钮设置相关参数，如图 3-181 所示。

3.5.2 制作水池造型

01 成功导入竹石跌水平面图后，启用【直线】工具捕捉外侧边线进行封面，然后启用【偏移】工具制作内部轮廓线，如图 3-182 与图 3-183 所示。

02 删除偏移生成的多余线段，然后为外部轮廓平面赋予石材，如图 3-184 与图 3-185 所示。

03 启用【推/拉】工具制作水池高度，如图 3-186 所示。

图 3-178 设置场景单位与精确度

图 3-179 执行【文件】/【导入】命令

图 3-180 导入 AutoCAD 图形

图 3-181 设置导入选项

图 3-182 绘制外侧轮廓线

图 3-183 偏移复制轮廓线

图 3-184 删除内部多余线段

图 3-185 赋予模型面材质

图 3-186 推拉出水池高度

需要注意的是，如果先拉伸出高度再赋予材质，因为增加了面，会使材质指定操作变得更为复杂，如图 3-187 所示。

04 启用【偏移】工具制作外侧轮廓线，然后赋予石材材质，如图 3-188 与图 3-189 所示。

05 材质赋予完成后，如果直接拉伸将形成多余边线，必须逐一进行删除，如图 3-190 所示，为了避免该情况，首先删除任意一条线段，如图 3-191 所示。

06 双击选择上部平面，将其移动复制出模型后，单独制作厚度，如图 3-192 与图 3-193 所示。

07 启用【直线】工具，捕捉角点创建一条位置参考线，然后将原来的顶部模型创建为【组】再进行删除，如图 3-194 与图 3-195 所示。

图 3-187　拉伸后再指定材质

图 3-188　偏移复制轮廓线

图 3-189　赋予顶面材质

图 3-190　直接拉伸形成多余边线

图 3-191　删除边线

图 3-192　移动复制顶部模型面

图 3-193　推拉出 50mm 厚度

图 3-194　创建参考线

图 3-195　创建组后进行删除

08 选择制作好厚度的顶面模型，启用【移动】工具捕捉参考线对齐位置，如图 3-196 所示。

09 打开【材料】面板，为池底制作并赋予鹅卵石材质，如图 3-197 所示。

10 选择池底，向上移动复制得到池水水面，然后赋予池水材质，如图 3-198 与图 3-199 所示。

图 3-196　对齐位置

图 3-197　赋予池底鹅卵石材质

图 3-198　移动复制出池水水面

3.5.3 制作石块模型

01 捕捉图纸，结合使用【矩形】与【推/拉】工具制作石头轮廓，如图 3-200 所示。

02 启用【直线】工具绘制分割线，然后选择分割线和顶点进行移动，制作出石块外部不规则的造型，如图 3-201 与图 3-202 所示。

图 3-199　赋予池水材质

图 3-200　创建石头轮廓

图 3-201　绘制分割线

03 重复类似操作完成石头其他位置细节制作，然后为其制作并赋予材质，如图 3-203~图 3-205 所示。

图 3-202　调整石头不规则造型

图 3-203　调整其他位置局部细节

图 3-204　石块造型调整完成效果

04 参考图纸复制制作其他位置的石头模型，然后通过右键菜单【翻转方向】|【红轴方向】命令调整朝向，如图 3-206 与图 3-207 所示。

05 选择复制的石头模型，执行【设定为唯一】菜单命令，如图 3-208 所示。移动线条调整石头的形状，如图 3-209 所示。

06 打开【材料】面板，为复制的石头模型制作并赋予黑色石头纹理材质，如图 3-210 所示。然后参考图纸，复制出另一处的石块模型并对应进行调整，如图 3-211 所示。

07 进入石头模型【组】，选择顶部模型面进行复制，然后移动至其他石块上方，如图 3-212 与图 3-213 所示。

图 3-205　赋予石头材质

图 3-206　复制石头模型

图 3-207　翻转石头方向

图 3-208　执行【设定为唯一】命令

图 3-209　移动线条调整石头形状

图 3-210　赋予黑色石头材质

图 3-211　调整石块造型和大
　　　　　小

图 3-212　选择顶部石块模型面

图 3-213　复制顶部石块模型面

08　调整复制的模型面大小，添加石块造型细节，通过该方法制作场景中其他石头模型，如图 3-214 与图 3-215 所示。

3.5.4　合并其他组件

01　打开【组件】面板，合并竹子模型，然后参考图纸放置相应位置，如图 3-216 与图 3-217 所示。

图 3-214　调整石块细节

图 3-215　石头模型完成效果

图 3-216　通过【组件】面板合并竹子

02　通过【移动】与【缩放】等操作制作场景中其他位置的竹子模型，如图 3-218 与图 3-219 所示。

图 3-217　调整竹子位置　　　　　图 3-218　复制竹子　　　　　图 3-219　调整竹子细节

03 合并荷花等模型组件，通过类似操作调整相关细节，如图 3-220 与图 3-221 所示。

04 本例竹石跌水模型最终完成效果如图 3-222 所示。

图 3-220　合并荷花模型　　　　图 3-221　调整荷花细节　　　图 3-222　竹石跌水模型最终效果

3.6 水池花架照片建模

　　花架可作遮荫休息之用，并可点缀园景。花架可应用于各种类型的园林绿地中，常设置在风景优美的地方供休息和观景，也可以和亭、廊、水榭等结合，组成外形美观的园林建筑群。在居住区绿地、儿童游戏场中，花架可供休息、遮荫、纳凉。

　　本实例学习使用 SketchUp 照片匹配工具进行建模，通过参考手绘图中的花架造型建立对应的模型，如图 3-223 与图 3-224 所示。

图 3-223　手绘图纸中的花架　　　　　　　图 3-224　通过照片匹配建立的花架模型

3.6.1 导入参考底图

01 启动 SketchUp，通过【模型信息】面板设置单位与精确度，如图 3-225 与图 3-226 所示。

02 执行【文件】/【导入】菜单命令，弹出【导入】面板，选择文件类型为"JPEG 图像(*.jpg)"，如图 3-227 与图 3-228 所示。

图 3-225　启动 SketchUp

图 3-226　设置单位和精确度

图 3-227　执行【文件】/【导入】菜单命令

图 3-228　选择图像类型

03 在面板下方选择【新建照片匹配】单选按钮，如图 3-229 所示。双击"花架图片建模"图片文件，进入照片匹配界面，与图 3-230 所示。

图 3-229　选择"新建照片匹配"单选按钮

图 3-230　进入原始照片匹配界面

04 选择界面中的坐标原点，将其移动至左侧景观小品底部角点，然后参考图片调整好任意一根绿轴，如图 3-231 与图 3-232 所示。

05 选择任意一根红轴，以花架左侧透视线为参考进行对齐，如图 3-233 所示。然后以水池为参考调整好其他轴向，如图 3-234 所示。

06 将光标置于蓝轴上方，如图 3-235 所示，待出现"放大或缩小"提示时，推动鼠标调整好人物高度以确定场景比例，与图 3-236 所示

07 调整完成后，单击鼠标右键，选择【完成】命令结束匹配，如图 3-237 所示。

图 3-231　调整原点位置

图 3-232　调整绿轴轴向

图 3-233　调整红轴轴向

图 3-234　调整其他轴向

图 3-235　将光标置于蓝轴上方

图 3-236　推动鼠标调整好人物高度

图 3-237　选择【完成】命令

图 3-238　创建立柱平面

3.6.2 制作花架造型

01 启用【直线】工具，参考图片捕捉轴向创建立柱平面，如图 3-238 所示。然后使用【推/拉】工具制作厚度，如图 3-239 所示。

图 3-239　推拉立柱厚度

图 3-240　向内偏移复制轮廓

02 结合使用【偏移】、【直线】及【推/拉】工具制作立柱细节，如图 3-240~图 3-242 所示。

图 3-241　修改两端细节

图 3-242　推出凹槽深度

03 通过以上操作完成单个立柱模型创建，如图 3-243 所示。然后将其创建为组，与图 3-244 所示。

04 选择立柱，旋转复制 90 度，然后通过捕捉对齐位置，如图 3-245 与图 3-246 所示。

05 参考图片调整复制的方柱长度，调整完成后整体向后复制，得到后排的方柱，如图 3-247 与图 3-248 所示。

图 3-243　单个立柱完成效果

图 3-244　创建立柱组

图 3-245　旋转复制立柱

图 3-246　对齐立柱

图 3-247　调整方柱长度

图 3-248　向后复制方柱

06 复制方柱并进行旋转，得到后方较长的方柱，如图 3-249 与图 3-250 所示。

图 3-249 复制方柱　　　　　　　图 3-250 旋转方柱　　　　　　　图 3-251 对齐上部立柱

07 参考图片调整上部方柱并对齐位置，然后调整好长度，如图 3-251 与图 3-252 所示。

08 选择后方调整好的方柱向左侧进行复制，如图 3-253 所示。

图 3-252 参考图纸延长立柱　　　　　　　　　　　图 3-253 向左侧复制立柱

09 启用【直线】工具，捕捉方柱端点创建一条辅助线，如图 3-254 所示，以便于中点对齐。然后复制中间的方柱并对齐中点，与图 3-255 所示。

图 3-254 创建辅助线　　　　　　图 3-255 捕捉中点复制方柱　　　　　图 3-256 参考图纸调整长度

10 参考图片调整复制的方柱长度，然后复制方柱至其下方并对齐，如图 3-256 与图 3-257 所示。

11 整体复制制作好的柱子模型，并调整末端的位置，完成整个花架框架制作，如图 3-258~图 3-260 所示。

图 3-257 复制左侧方柱　　　　图 3-258 在透视图中进行整体复制　　　图 3-259 调整方柱末端长度

12 参考图片并捕捉立柱边线，使用【矩形】工具绘制装饰木条平面，如图 3-261 与图 3-262 所示。

图 3-260　花架框架完成效果

图 3-261　绘制装饰木条平面

图 3-262　装饰木条平面尺寸

13 启用【推/拉】工具制作装饰木条长度，然后进行多重移动复制，如图 3-263 与图 3-264 所示。

图 3-263　推拉出装饰木条长度

图 3-264　复制装饰木条

图 3-265　创建座椅辅助线

14 参考图片，使用【直线】工具绘制座椅弧形面辅助线，启用【圆弧】工具捕捉辅助线端点绘制弧线，如图 3-265 与图 3-266 所示。

15 在透视图中使用【直线】工具封面，然后参考图片使用【推/拉】工具制作座椅长度，如图 3-267 与图 3-268 所示。

图 3-266　创建座椅弧线

图 3-267　在透视图中封闭平面

图 3-268　推拉座椅长度

16 参考图片使用【直线】工具分割座椅细节平面，使用【推/拉】工具制作座椅细节，如图 3-269 与图 3-270 所示。

17 选择座椅，捕捉立柱下部端点进行多重移动复制，如图 3-271 与图 3-272 所示

18 通过类似的方法制作屋顶以及装饰木条，完成花架模型的创建，如图 3-273 与图 3-274 所示。接下来制作水池。

图 3-269　分割座椅平面

图 3-270　制作座椅下部细节

图 3-271　复制座椅模型

图 3-272　座椅模型复制完成效果

图 3-273　复制顶部装饰木条

图 3-274　花架完成效果

3.6.3 制作喷泉水池

01 参考图片绘制花架底部矩形平面，结合使用【直线】与【偏移】工具制作水池平面，如图 3-275 与图 3-276 所示。

02 参考图纸使用【推/拉】工具制作水池深度，如图 3-277 所示。

图 3-275　创建花架地面

图 3-276　制作水池平面

图 3-277　推拉水池深度

03 使用类似方法制作好右侧的水槽模型细节，如图 3-278～图 3-280 所示。

图 3-278　绘制水槽平面

图 3-279　分割水槽平面

图 3-280　推拉制作水槽细节

04 选择制作的水槽模型，创建为【组件】，如图 3-281 所示。参考图纸快速复制，得到其他位置的水槽模型，如图 3-282 所示。

3.6.4 制作材质并调入其他组件

01 至此，花架水池模型创建完成，如图 3-283 所示。接下来分别为各部件制作相应材质，如图 3-284~图 3-290 所示。

图 3-281　创建水槽组件

图 3-282　复制制作其他水槽

图 3-283　花架与水池模型完成效果

图 3-284　赋予立柱黑色金属材质

图 3-285　赋予装饰木条原色樱桃木材质

图 3-286　赋予顶面玻璃材质

图 3-287　赋予座椅红色材质

图 3-288　赋予地面石材材质

02 执行【窗口】/【组件】菜单命令，导入喷泉模型，然后参考图片调整喷泉造型，并进行复制，得到喷泉组，如图 3-291 与图 3-292 所示。

03 经过以上步骤，最终完成的花架水池效果如图 3-293 所示。

图 3-289　赋予水池收边石材　　　　图 3-290　赋予水面水池材质　　　　图 3-291　调入喷泉模型

图 3-292　调整并复制喷泉　　　　　　　　　图 3-293　花架水池最终效果

第4章

别墅庭院景观

在别墅设计时，除了要选定别墅设计风格外，注意别墅设计风水也是相当重要的。别墅庭院设计是借助园林景观规划设计的各种手法，使得庭院居住环境得到进一步的优化，满足人们的各方面需求。

别墅庭院应与周边环境协调一致，能利用的部分尽量借景，不协调的部分想方设法视觉遮蔽。庭院应与自家建筑浑然一体，与室内装饰风格互为延伸。院内各组成部分有机相连，过渡自然。

本章制作完成的别墅庭院效果如图 4-1~图 4-4 所示。

图 4-1 别墅内庭景观前方鸟瞰效果

图 4-2 别墅内庭景观后方鸟瞰效果

图 4-3 别墅内庭景观节点效果 1

图 4-4 别墅内庭景观节点效果 2

4-1 整理图纸并分析建模思路

本别墅庭院景观实例将以 AutoCAD 平面图纸为参考，完成整个模型的创建，首先整理 AutoCAD 图纸并通过图纸分析出建模思路。

4.1.1 整理 AutoCAD 图纸

启动 AutoCAD 软件，按 Ctrl+O 键，打开配套资源"第 04 章|CAD 图纸|别墅庭院施工图.dwg"，单击图层工具栏下拉按钮显示图层列表，单击开/关图层图标💡，隐藏文字、标注等与建模无关的图层，如图 4-5 与图 4-6所示。

图 4-5 打开 AutoCAD 图纸

图 4-6 隐藏绿化文字等图层

选择选择其中的"乔、灌木配置总平面图",然后新建 AutoCAD 文档进行粘贴,如图 4-7 所示。调整整体图形颜色为黑色,如图 4-8 所示。

按 Ctrl+S 组合键,将总平面图保存为"平面布置.dwg"文件,如图 4-9 所示。

图 4-7　新建图形并复制

图 4-8　调整图形颜色

图 4-9　保存总平面图

4.1.2 分析建模思路

观察图纸可以发现,本庭院设计以人工水系为主,主要有正面的景观水池与右上角的生态鱼池,如图 4-10 与图 4-11 所示。

图 4-10　正面景观水池及周边设施

图 4-11　右上角生态鱼池

除去人工水系以及其配套的亲水平台之外,主要有花架廊以及花池等常用园林设计元素,如图 4-12~图 4-14 所示。

图 4-12　亲水平台

图 4-13　花架廊

图 4-14　花池

景观模型的建立将以两处水系为中心展开,在完成水景主体以及配套设施后,再逐个完成其他景观小品,最后加入植物,完成最终效果,大致过程如图 4-15~图 4-17 所示。

图 4-15　制作正面景观模型　　　　图 4-16　制作侧面及背面景观模型　　　　图 4-17　最终完成效果

4.2 导入图形并分割区域

4.2.1 导入整理图形

01 启动 SketchUp，设置场景单位与精确度，如图 4-18 所示。执行【文件】/【导入】菜单命令，如图 4-19 所示。

图 4-18　设定场景单位与精确度

图 4-19　执行【导入】命令

02 在弹出的【导入】面板中设置文件类型为 AutoCAD 文件，单击【选项】按钮设置导入选项，如图 4-20 与图 4-21 所示。

图 4-20　选择导入文件类型

图 4-21　调整导入选项

03 选择整理好的"平面布置.dwg"图纸导入，导入完成后，启用【移动】工具将其左下角点与坐标原点对齐，如图 4-22 与图 4-23 所示。

图 4-22　导入图纸结果　　　　　　　　　　　图 4-23　对齐图形

技 巧

在导入 DWG 图形至 SketchUp 后，如果出现视图操作迟滞等现象，可以通过【标记】面板隐藏对应标记内的图形，简化图纸显示，如图 4-24 与图 4-25 所示。等需要利用到相关标记时再进行显示即可。

图 4-24　打开【标记】面板　　　　　　　　　图 4-25　隐藏【绿化】标记

4.2.2 分割区域

01 本例场景分为建筑、前方景观以及后侧景观三个区域，如图 4-26 所示。启用【直线】工具捕捉图纸，首先分割中间的建筑区域，如图 4-27 与图 4-28 所示。

图 4-26　场景区域的划分　　　图 4-27　通过捕捉分割建筑区域　　　图 4-28　绘制的建筑平面

02 建筑区域分割完成后，通过类似的方法分割好其他两个区域，如图 4-29 与图 4-30 所示。

03 图纸分割完成后，逐个选择区域进行单独【组】，如图 4-31 所示。接下来细化建筑轮廓以及前方景观效果。

图 4-29　绘制前方景观平面　　　　图 4-30　绘制右侧及后方景观平面　　　　图 4-31　将各区域平面单独创建为组

4.3 细化前方景观效果

本节首先制作建筑底层轮廓及门窗细节，然后建立前方景观水池细节，最后完成其他园林景观小品效果，大致流程如图 4-32~图 4-34 所示。

图 4-32　建立建筑轮廓　　　　　　图 4-33　建立景观水池细节　　　　　　图 4-34　完成其他景观小品

4.3.1 创建建筑轮廓

01 启用【圆】工具，绘制圆柱等建筑细节平面，启用【推/拉】工具制作建筑底层轮廓，如图 4-35 与图 4-36 所示。

图 4-35　绘制圆柱　　　　　　　图 4-36　推拉出建筑底层轮廓　　　　　　图 4-37　分割过道平面

02 为了清晰地表达建筑与景观的连通效果，首先结合辅助线及【推/拉】等工具，制作右侧的过道，如图 4-37 与图 4-38 所示。

03 结合使用辅助线、拆分以及【直线】工具，制作推拉门轮廓，然后单独创建为【组】，如图 4-39~图 4-41 所示。

所示。

图4-38 推拉出过道深度

图4-39 分割推拉门平面

图4-40 拆分边线为4段

04 结合使用【偏移】及【推/拉】工具，制作门框与玻璃模型细节，如图4-42~图4-44所示。

图4-41 分割并创建组

图4-42 制作门框平面

图4-43 推拉出门框厚度

05 使用类似的方法，制作其他位置的门模型细节，如图4-45与图4-46所示。接下来细化过道以及平台。

图4-44 推拉门完成效果

图4-45 制作右侧推拉门

图4-46 制作后方平开门

4.3.2 细化过道及平台

01 启用【矩形】工具，捕捉图纸划分过道出口处的平台平面，如图4-47所示。

02 启用【直线】工具捕捉图纸划分池面，如图4-48~图4-50所示。

03 分割完成后，参考AutoCAD图纸中的标高制作各处的厚度，首先制作120mm高的平台高度，如图4-51与图4-52所示。

图 4-47 分割平台平面

图 4-48 分割池面与路沿平面

图 4-49 预留花钵平面

图 4-50 分割池面完成

图 4-51 查看标高标注

图 4-52 推拉出平台高度

04 进入【材料】面板，为平台制作并赋予石板材质，调整贴图拼贴效果，如图 4-53 与图 4-54 所示。

图 4-53 赋予石材

图 4-54 调整贴图位置和大小

05 结合使用【偏移】以及【推/拉】工具制作路沿细节，如图 4-55 与图 4-56 所示。

图 4-55 制作路沿平面

图 4-56 推拉出路沿高度

图 4-57 创建路沿组

06 路沿制作完成后，将其创建为【组】，然后通过类似方法制作过道平台，如图 4-57 与图 4-58 所示。

07 参考 AutoCAD 图纸中的标高，启用【推/拉】工具制作左侧的平台，如图 4-59 与图 4-60 所示。

图 4-58　平台及过道完成效果　　　　图 4-59　查看平台及台阶等标高　　　　图 4-60　推拉出口平台高度

08 整体将制作的推拉门向上抬高 200mm，然后结合【矩形】以及【推/拉】工具，制作门口台阶，如图 4-61 与图 4-62 所示。

图 4-61　向上抬高门框高度　　　　图 4-62　制作门口台阶　　　　图 4-63　分割台阶平面

09 参考图纸分割台阶平面，使用【推/拉】工具制作三维细节，如图 4-63 与图 4-64 所示。

10 通过类似方法制作墙体，制作完成后将参考图纸移动至底面，如图 4-65 与图 4-66 所示。

图 4-64　完成台阶效果　　　　图 4-65　完成墙体效果　　　　图 4-66　向下移动图纸至底面

4.3.3 细化景观水池及设施

01 结合使用【矩形】以及【推/拉】工具制作水中的汀步，如图 4-67 与图 4-68 所示。

02 启用【直线】工具参考图纸分割深水区，使用【推/拉】工具制作深度，如图 4-69 与图 4-70 所示。

03 打开【材料】面板赋予池底石材，然后向上移动复制出水面并赋予池水材质，如图 4-71 与图 4-72 所示。

图 4-67　分割汀步平面

图 4-68　推拉汀步高度

图 4-69　分割深水区

图 4-70　制作深水区深度

图 4-71　赋予池底池壁石材

图 4-72　移动复制水面并赋予材质

04 景观水池内部汀步与水面制作完成后，调整好参考底图高度，然后分割观景平台台阶平面，如图 4-73~ 图 4-75 所示。

图 4-73　水面初步完成效果

图 4-74　调整底图高度

图 4-75　分割观景平台台阶平面

05 使用【推/拉】工具制作台阶高度，然后赋予石材，如图 4-76 所示。

06 选择台阶上部边线向下移动 30mm，形成分割面，然后启用【推/拉】工具制作出边沿细节，如图 4-77 与图 4-78 所示。

图 4-76　制作台阶并赋予材质

图 4-77　移动边线生成分割面

图 4-78　推拉出边沿细节

07 启用【直线】工具绘制台阶表面角线，赋予木纹材质后逐个调整好贴图方向和大小，如图 4-79 与图 4-81 所示。

图 4-79 分割对角线

图 4-80 调整贴图铺贴效果

图 4-81 调整贴图转角效果

08 完成贴图细节与台阶整体效果如图 4-82 与图 4-83 所示，接下来制作观景平台。

图 4-82 台阶材质效果

图 4-83 台阶整体完成效果

图 4-84 推拉观景平台轮廓

09 启用【推/拉】工具制作观景平台轮廓，然后赋予材质，如图 4-84 与图 4-85 所示。

图 4-85 观景平台完成效果

图 4-86 划分叠水瀑布平面

图 4-87 推拉瀑布池底厚度

10 参考图纸划分叠水瀑布平面，使用【推/拉】工具制作轮廓造型，如图 4-86~图 4-88 所示。

11 结合使用【矩形】与【推/拉】工具，制作首层叠水平台细节，如图 4-89~图 4-91 所示。

图 4-88 推拉出瀑布墙轮廓

图 4-89 分割首层叠水平台细节

图 4-90 平台细节分割完成效果

12 结合使用【直线】与【推/拉】制作底层叠水平台细节，如图 4-92 与图 4-93 所示。

图 4-91　推拉首层叠水平台细节　　　　图 4-92　分割底层平台　　　　图 4-93　制作底层平台细节

13 启用【矩形】分割墙面，启用【推/拉】工具推空，最后整体赋予混凝土材质，如图 4-94~图 4-96 所示。

图 4-94　划分墙体平面　　　　　　　图 4-95　推空墙面　　　　　　　图 4-96　赋予材质

14 结合使用【直线】与【圆弧】工具制作弧形水幕，如图 4-97 与图 4-98 所示。

15 结合使用【偏移】与【直线】工具，制作水幕弧形平面，如图 4-99 与图 4-100 所示。

图 4-97　绘制水幕辅助直线　　　图 4-98　绘制水幕弧形轮廓线　　　图 4-99　向外偏移复制 100mm 距离

16 启用【推/拉】工具制作水幕宽度，移动复制平台平面至水幕交叉，如图 4-101 与图 4-102 所示。

图 4-100　使用直线封闭轮廓　　　图 4-101　推拉出水幕宽度　　　图 4-102　向上复制平台平面

17 赋予水幕池水材质，然后通过相似方法制作好第二层水幕，如图 4-103 与图 4-104 所示。

图 4-103　赋予水纹材质

图 4-104　制作第二层水幕

18 通过【组件】面板调入栏杆组件，将其对齐至墙体后调整细节位置与整体长度，如图 4-105~图 4-107 所示。

图 4-105　调入栏杆组件

图 4-106　调整栏杆细节

图 4-107　调整栏杆整体长度

19 复制栏杆至前方边沿处，使用【直线】工具制作一条定位辅助线后调整好造型，如图 4-108~图 4-110 所示。

图 4-108　复制栏杆

图 4-109　绘制位置参考线

图 4-110　调整栏杆宽度

20 参考栏杆高度,启用【推/拉】工具制作墙体高度，完成观景平台制作，如图 4-111 与图 4-112 所示。

图 4-111　参考栏杆高度调整墙体高度

图 4-112　观景平台制作完成效果

21 参考图纸，结合使用【推/拉】与【直线】工具制作右侧景观墙轮廓，如图 4-113~图 4-115 所示。

图 4-113　查看右侧景观墙平面

图 4-114　推拉出景观墙高度

图 4-115　景观墙轮廓完成效果

22 结合使用【矩形】与【推/拉】工具制作景观墙细节，然后整体赋予石材，如图 4-116~图 4-118 所示。

图 4-116　分割景观墙

图 4-117　推空分割平面

图 4-118　赋予景观墙材质

23 结合使用【缩放】与【推/拉】工具，制作花钵底座倒角如图 4-119 与图 4-120 所示。

24 结合使用【偏移】与【推/拉】工具，制作花钵底座整体轮廓并赋予石材，如图 4-121 所示。

图 4-119　推拉花钵底座平面

图 4-120　缩放制作倒角效果

图 4-121　制作花钵底座并赋予石材

25 结合使用【偏移】与【推/拉】工具，制作花钵底座侧面凹槽，如图 4-122 与图 4-123 所示。

26 参考第 2 章 2.4.5 节，使用【路径跟随】工具创建上部球体，如图 4-124 所示。

图 4-122　分割侧面平面

图 4-123　制作侧面凹槽

图 4-124　制作上部球体

27 结合使用【圆弧】、【圆】及【路径跟随】工具制作花钵造型，然后赋予石材材质，如图 4-125~图 4-127 所示。

图 4-125 绘制花钵截面

图 4-126 路径跟随制作花钵造型

图 4-127 赋予对应材质

28 整体将花钵移动复制到对侧，然后合并喷水模型组件，完成景观水池制作，如图 4-128~图 4-130 所示。

图 4-128 复制花钵

图 4-129 导入喷水模型

图 4-130 景观池及周边设施完成效果

4.3.4 完成正面细化

01 参考图纸，结合使用【直线】与【推/拉】工具制作过道造型，如图 4-131~图 4-133 所示。

02 赋予石板材质并逐个调整贴图细节，完成路面效果如图 4-134~图 4-136 所示。

图 4-131 分割路面

图 4-132 制作石板之间的缝隙

图 4-133 推拉出路面高度

图 4-134 调整路面贴图大小和方向

图 4-135 路面贴图效果

图 4-136 路面整体完成效果

03 结合使用【矩形】及【推/拉】工具制作汀步造型，如图 4-137~图 4-139 所示。接下来制作烧烤平台以及相关设施。

图 4-137　绘制汀步轮廓

图 4-138　推拉出汀步高度

图 4-139　汀步完成效果

04 参考图纸，结合使用【直线】及【推/拉】工具制作烧烤平台，并赋予卡其色石材，如图 4-140~图 4-142 所示。

图 4-140　绘制烧烤平台轮廓

图 4-141　推拉平台高度

图 4-142　赋予平台材质

05 结合使用【矩形】以及【推/拉】工具制作砖墙，如图 4-143 所示。

06 参考图纸，结合使用【矩形】及【推/拉】工具创建烧烤炉，如图 4-144 与图 4-145 所示。

图 4-143　制作砖墙造型

图 4-144　创建烧烤炉造型

图 4-145　制作烧烤炉局部细节

07 结合使用【拆分】命令、【直线】与【推/拉】工具制作烧烤架等细节，最后对应赋予相关材质，如图 4-146~图 4-148 所示。

图 4-146　拆分边线

图 4-147　制作烧烤架局部细节

图 4-148　烧烤炉完成效果

08 参考图纸，结合使用【圆】、【偏移】及【推/拉】工具制作圆形平台及边沿细节，如图 4-149~图 4-151 所示。

图 4-149　绘制圆形平台　　　　　　图 4-150　偏移复制圆形　　　　　　图 4-151　制作边沿细节

09 使用【推/拉】工具制作平台高度，然后赋予地花材质并调整贴图效果，如图 4-152~图 4-154 所示。

图 4-152　推拉平台高度　　　　　　图 4-153　赋予平台材质　　　　　　图 4-154　调整平台贴图效果

10 参考图纸，结合使用【圆弧】、【直线】、【偏移】及【推/拉】工具制作花坛轮廓，如图 4-155~图 4-157 所示。

图 4-155　分割花坛平面　　　　　　图 4-156　推拉花坛高度　　　　　　图 4-157　调整出斜面效果

11 结合使用【曲面偏移复制】及【超级推拉】插件制作花坛细节造型、然后对应赋予材质，如图 4-158~图 4-160 所示。

图 4-158　偏移复制曲面　　　　　　图 4-159　推拉花坛斜面　　　　　　图 4-160　赋予花坛材质

12 参考图纸结合【矩形】、【推/拉】及【偏移】工具制作背景墙轮廓，如图 4-161 与图 4-163 所示。

图 4-161 绘制背景墙平面

图 4-162 推拉出底座高度

图 4-163 偏移并继续推拉

13 结合【矩形】及【推/拉】工具制作背景墙中部镂空细节，如图 4-164 与图 4-165 所示。

图 4-164 分割背景墙立面

图 4-165 推空背景墙中部

图 4-166 合并座椅模型组件

14 合并座椅模型并调整好大小，如图 4-166 所示，然后旋转复制得到另一侧背景墙与座椅，如图 4-167 所示，继续合并雕塑造型，此时圆形平台整体效果如图 4-168 所示。

图 4-167 旋转复制座椅

图 4-168 整体完成效果

图 4-169 分割方形树池平面

15 参考图纸，结合使用【矩形】、【偏移】及【推/拉】工具制作方形树池，如图 4-169~图 4-171 所示。

16 通过类似方法制作场景中的圆形树池，如图 4-172 所示。

图 4-170 制作树池细节

图 4-171 方形树池完成效果

图 4-172 制作圆形树池

17 合并廊架模型组件，如图 4-173 所示，前方景观模型制作完成，整体效果如图 4-174 所示。

图 4-173　合并廊架模型

图 4-174　前方景观模型完成效果

4.4 细化后方景观效果

别墅后方的景观主要有生态鱼池、汀步、大门及栏杆等，如图 4-175~图 4-177 所示。

图 4-175　生态鱼池

图 4-176　汀步

图 4-177　大门及栏杆

4.4.1 细化生态鱼池及设施

01 参考图纸，启用【圆弧】工具绘制鱼池轮廓，如图 4-178 与图 4-179 所示。

图 4-178　绘制生态鱼池轮廓

图 4-179　轮廓绘制完成效果

图 4-180　推拉鱼池深度

02 启用【推/拉】工具制作鱼池深度，然后向上移动复制出水面，如图 4-180 与图 4-181 所示。

03 隐藏池水水面，选择池底平面进行中心缩放以制作出斜坡细节，然后赋予池底与池壁混凝土材质，如图 4-182 与图 4-183 所示。

图 4-181　向上移动复制出水面　　　图 4-182　中心缩放制作池底斜坡　　　图 4-183　赋予池底与池壁材质

04 鱼池制作完成后，参考图纸启用【矩形】工具分割亲水平台，如图 4-184 所示。

图 4-184　分割亲水平台平面　　　图 4-185　绘制亲水平台底柱平面　　　图 4-186　推拉出石柱造型

05 结合使用【卷尺】、【矩形】、【推/拉】工具制作平台底部石柱，然后对其进行复制，如图 4-185~图 4-187
所示。

06 结合【矩形】、【推/拉】工具制作亲水平台，然后赋予木纹材质，如图 4-188 与图 4-189 所示。

图 4-187　赋予材质并复制底柱　　　图 4-188　向上移动复制亲水平台　　　图 4-189　指定平台木纹材质

07 整体复制亲水平台并调整支柱高度，如图 4-190 与图 4-191 所示。

图 4-190　复制亲水平台　　　图 4-191　调整柱子高度　　　图 4-192　调整平台朝向和大小

08 整体复制亲水平台至另一侧，调整朝向与大小，完成生态鱼池的细化，如图 4-192 与图 4-193 所示。

4.4.2 制作区域连接细节

01 生态鱼池制作完成后，接下来使用【矩形】与【推/拉】工具制作交界处的台阶造型，如图 4-194 与图 4-195 所示。

图 4-193　生态鱼池完成效果

图 4-194　分割台阶平面

02 通过【移动】、【旋转】及【缩放】等操作制作右侧汀步效果，如图 4-196~图 4-199 所示。

03 参考图纸，结合使用【直线】与【推/拉】工具制作弧形汀步，如图 4-200~图 4-201 所示。

图 4-195　推拉出台阶高度

图 4-196　移动复制汀步

图 4-197　旋转复制汀步

图 4-198　缩放调整汀步大小

图 4-199　右侧汀步完成效果

图 4-200　分割弧形汀步

04 参考弧形汀步的走向，结合使用【矩形】与【推/拉】工具制作水中平台，如图 4-202 与图 4-203 所示。

05 参考图纸，启用【直线】工具绘制入口平台平面，然后推拉出 150mm 的厚度，如图 4-204 与图 4-205 所示。

图 4-201　推拉出汀步高度

图 4-202　绘制水中平台平面

图 4-203　推拉平台厚度

图 4-204　绘制入口平台地面

图 4-205　推拉入口平台高度

图 4-206　调入栏杆模型组件

06 入口平台制作完成后，逐步合并栏杆及大门模型组件，如图 4-206 与图 4-207 所示。

07 别墅庭院景观模型创建完成，当前整体效果如图 4-208 所示。

图 4-207　制作入口大门

图 4-208　别墅景观整体效果

4.5 处理最终细节

　　景观模型初步创建完成后，还需要逐步处理建筑等局部细节，然后添加植物绿化、休闲椅等配景以及人物，丰满场景细节与层次，使效果更为真实、逼真，如图 4-209~图 4-211 所示。

4.5.1 制作房屋细节

　　选择别墅屋顶平面，按 Ctrl 键推拉复制出别墅二层，然后单独复制顶部平面，如图 4-212 与图 4-213 所示。

图 4-209　处理建筑细节

图 4-210　添加树木绿化

图 4-211　添加配景与人物

图 4-212　推拉复制建筑第二层

图 4-213　制作屋顶层并单独复制顶部平面

图 4-214　创建屋顶平面组件

将屋顶平面创建为【组件】，并另存为文件，如图 4-214 与图 4-215 所示。在新的 SketchUp 文档中打开屋顶平面，使用【直线】工具简化屋顶边沿，如图 4-216 所示。

图 4-215　另存文件

图 4-216　打开组件简化边沿

图 4-217　添加坡屋顶插件菜单命令

选择屋顶平面，执行【坡屋顶】插件命令，制作坡屋顶效果，如图 4-217 与图 4-218 所示。复制坡屋顶至别墅庭院场景，对齐位置后通过【缩放】工具调整大小，如图 4-219 所示。

图 4-218　坡屋顶完成效果

图 4-219　复制屋顶并调整大小

4.5.2 制作植被绿化细节

01 别墅建筑制作完成的效果如图 4-220 所示，接下来通过【组件】面板添加乔木和灌木等植物，如图 4-221 与图 4-222 所示。

图 4-220　别墅建筑完成效果

图 4-221　调入树木组件

02 参考图纸，分割出边沿处灌木平面，使用【推/拉】工具制作灌木整体造型，如图 4-223 所示。

03 赋予灌木造型花丛贴图，如图 4-224 所示。然后通过类似方式制作其他位置的灌木丛效果如图 4-225 所示。

图 4-222　前方树木添加效果

图 4-223　推拉灌木造型

图 4-224　赋予花丛贴图

04 合并景石、荷花等配景模型，逐步复制至景观水池、生态鱼池中，完成效果如图 4-226～图 4-229 所示。接下来添加配件与人物。

图 4-225　制作其他位置灌木造型

图 4-226　调入景石模型

图 4-227　调入荷花至景观水池

图 4-228　调入荷花至生态鱼池　　　图 4-229　生态渔池其他位置效果　　　图 4-230　调入休闲椅组件

4.5.3 添加组件及人物

01　通过【组件】面板合并休闲椅等模型组件，根据场景需要合并人物模型组件，如图 4-230 与图 4-231 所示。

02　逐步加入其他位置的组件与人物，效果如图 4-232 所示。接下来通过场景保存观察视角，并添加阴影。

图 4-231　调入并布置人物组件

图 4-232　添加其他位置的组件与人物

4.5.4 保存场景并添加阴影

01　通过视图旋转、平移以及缩放等操作确定观察视角，然后新建场景进行对应保存，如图 4-233~图 4-238 所示。

图 4-233　调整观察效果并新建场景保存

图 4-234　保存节点场景 2

图 4-235 保存节点场景 3

图 4-236 保存节点场景 4

图 4-237 保存背面鸟瞰场景

图 4-238 保存正面鸟瞰场景

02 场景保存完成后，制作阴影细节，进入目标场景并开启阴影，如图 4-239 所示。

03 为了快速显示调整的阴影效果，将场景切换至【单色显示】模式，如图 4-240 所示。

图 4-239 显示场景阴影

图 4-240 调整为单色显示

图 4-241 调整阴影参数

04 进入【阴影设置】面板，调整阴影朝向、明暗等细节，然后取消【在地面上】参数的勾选，如图 4-241 与图 4-242 所示。

05 确定好阴影效果后，切换回【材质贴图】显示模式，得到如图 4-243 所示的显示效果。

06 通过类似方式完成其他场景阴影效果的制作，如图 4-244 与图 4-245 所示。

图 4-242　取消地面阴影

图 4-243　场景最终效果 1

图 4-244　场景最终效果 2

图 4-245　场景最终效果 3

第 **5** 章

别墅屋顶花园快速表现

屋顶花园是指在各类建筑物的顶部（包括屋顶、楼顶、露台或阳台）栽植花草树木，建造各种园林小品所形成的绿地。屋顶花园在改善生态环境、增加绿地面积方面发挥着重要的作用，营造屋顶花园已成为各国城市建设中的一项重要内容。同时当今建筑业科学技术水平的飞速发展，为营造屋顶花园创造了有利的条件。

本例将通过参考图纸，结合使用 SketchUp、3dmax/V-Ray 及 Photoshop，快速制作别墅屋顶花园，案例最终效果如图 5-1 所示。

本案例将充分发挥各个软件的特长，以实现快速表现的目的。首先通过 SketchUp 快速建立屋顶花园与建筑模型，如图 5-2 所示。然后在 3ds max 中通过 V-Ray 渲染器快速渲染出图，如图 5-3 所示。最后在 Photoshop 中添加配套植被，完成最终效果，如图 5-4 所示。

图 5-1　屋顶花园最终效果

图 5-2　建立模型

图 5-3　渲染出图

图 5-4　后期处理

5.1　整理 CAD 图纸并分析建模思路

5.1.1　整理 CAD 图纸

启动 AutoCAD，按 Ctrl+O 快捷键，打开配套资源"第 05 章|CAD 图纸|屋顶花园.dwg"图纸，如图 5-5 所示，删除外围图框，如图 5-6 所示。

图 5-5　打开 AutoCAD 图纸

图 5-6　删除外围图框

选择图纸中的文字内容，通过【图层】下拉列表进行隐藏，如图 5-7 与图 5-8 所示。

图 5-7 隐藏文字标注图层

图 5-8 隐藏文字标注效果

选择图纸中的植物图形，同样通过【图层】下拉列表进行隐藏，如图 5-9 所示。隐藏完成后，将文件另存为"整理图纸.dwg"，如图 5-10 所示。

图 5-9 隐藏植物图层

图 5-10 保存整理好的图纸

5.1.2 分析建模思路

本例主要表现屋顶花园的景观布局与设计，因此首先创建屋顶花园各区域的景观细节，如图 5-11~图 5-13 所示。

图 5-11 创建屋顶平面

图 5-12 制作各处景观造型

图 5-13 屋顶景观完成效果

建立简单的建筑层次与窗户细节，完成整体效果，如图 5-14 与图 5-15 所示。

图 5-14　制作建筑层次

图 5-15　制作窗户

5-2 创建屋顶花园模型

5.2.1 导入 AutoCAD 图纸

01　启动 SketchUp，如图 5-16 所示，执行【窗口】\【模型信息】命令，设置场景单位与精确度，如图 5-17 所示。

图 5-16　打开 SketchUp

图 5-17　设置单位与精确度

02　执行【文件】/【导入】菜单命令，如图 5-18 所示，弹出【导入】对话框。

03　单击【选项】按钮，设定导入参数，选择导入整理好的 CAD 图纸，如图 5-19 所示。

图 5-18　执行【导入】命令

图 5-19　设定导入参数

04 导入完成之后弹出【导入结果】信息提示对话框，如图 5-20 所示，单击【关闭】按钮关闭。然后在场景中放置导入的图纸，如图 5-21 所示。

05 测量 AutoCAD 图纸中方亭的长度，如图 5-22 所示，然后测量对比导入图纸中的方亭尺寸，确定图纸比例正确，如图 5-23 所示。

图 5-20　导入结果提示　　　　图 5-21　放置导入图纸　　　　图 5-22　测量方亭长度

06 导入图纸并确定大小比例之后，接下来正式创建模型。

5.2.2 创建屋顶与楼梯间

01 启用【直线】工具，参考底图进行屋顶快速封面，如图 5-24 与图 5-25 所示。

图 5-23　验证导入图纸的方亭长度　　　图 5-24　绘制屋顶外轮廓　　　图 5-25　屋顶平面创建完成

02 启用【偏移】工具，向内偏移轮廓线 200mm，得到女儿墙轮廓，如图 5-26 所示。

03 启用【直线】工具，参考底图绘制楼梯间墙线，如图 5-27 所示。

04 启用【推/拉】工具拉伸出女儿墙高度，如图 5-28 所示。

图 5-26　向内偏移轮廓线　　　　图 5-27　绘制楼梯间墙线　　　　图 5-28　推拉出女儿墙

05 启用【直线】工具分割出楼梯间墙体，如图 5-29 所示。

06 选择女儿墙顶部模型面，启用【偏移】工具制作压顶宽度，如图 5-30 所示，然后将其单独创建为组，如图 5-31 所示。

图 5-29　分割楼梯间墙体　　　　图 5-30　偏移复制顶部模型面　　　　图 5-31　创建组

07 删除压顶平面内多余线条，如图 5-32 所示，启用【推/拉】工具制作 100mm 的高度，如图 5-33 所示

图 5-32　删除内部多余线条　　　　图 5-33　制作压顶高度　　　　图 5-34　赋予墙体石材

08 打开【材料】面板，为墙面赋予墙体石材，如图 5-34 所示。为压顶指定混凝土材质，如图 5-35 所示。

09 选择分割的楼梯间平面，启用【推/拉】工具制作楼梯间高度，如图 5-36 所示。

10 结合使用【推/拉】及【偏移】工具，制作楼梯间顶部细节，如图 5-37 所示。

图 5-35　赋予压顶混凝土材质　　　　图 5-36　挤出楼梯间墙体高度　　　　图 5-37　制作楼梯间顶部细节

11 使用【推/拉】工具，制作楼梯间屋顶侧面细节，如图 5-38 所示。

图 5-38　制作楼梯间屋顶侧面细节　　　　图 5-39　指定楼梯间材质　　　　图 5-40　绘制立柱平面

12 打开【材料】面板，为楼梯间各部分赋予对应材质，如图 5-39 所示。

13 启用【矩形】工具，参考图纸绘制立柱平面，如图 5-40 所示，启用【推/拉】工具制作 2300mm 的高度，如图 5-41 所示。

14 结合使用【矩形】与【推/拉】工具制作花架栅格，如图 5-42 所示。

15 通过移动复制与旋转复制，制作栅格造型，如图 5-43 与图 5-44 所示。

图 5-41 推拉立柱高度　　　　图 5-42 制作花架栅格　　　　图 5-43 复制栅格

16 打开【材料】面板，为栅格赋予木纹材质，如图 5-45 所示。

17 通过【组件】面板合并楼梯间门模型，如图 5-46 所示。楼梯间与花架模型创建完成，最终效果如图 5-47 所示。

图 5-44 旋转复制栅格　　　　图 5-45 赋予木纹材质　　　　图 5-46 合并门模型

5.2.3 创建花池与木廊架等模型

01 参考图纸，结合使用【矩形】与【直线】工作创建外侧花池边沿平面，如图 5-48 与图 5-49 所示。

图 5-47 楼梯间及花架完成效果　　　　图 5-48 绘制外侧花池边沿　　　　图 5-49 绘制完成的边沿平面

02 将绘制的花池边沿平面创建为【组】，如图 5-50 所示，使用【偏移】工具向内偏移 50mm，如图 5-51 所示。

03 结合使用【推/拉】和【偏移】工具，制作花池边沿池壁造型，如图 5-52 所示。

图 5-50　创建群组　　　　　图 5-51　向内偏移轮廓　　　　图 5-52　制作花池池壁造型

04 打开【材料】面板，赋予池壁石材材质，如图 5-53 所示，然后赋予压顶混凝土材质。

05 赋予花池内部平面草皮材质，如图 5-54 所示，制作完成的外侧花池效果如图 5-55 所示。

图 5-53　赋予池壁石材材质　　　图 5-54　赋予池底草被材质　　　图 5-55　外侧花池完成效果

06 参考图纸，使用类似方法继续制作内部花池，如图 5-56 和图 5-57 所示。接下来绘制木平台与廊架。

图 5-56　绘制内部花池边沿平面　　图 5-57　拉伸花池边沿　　　图 5-58　参考图纸绘制木平台平面

07 参考图纸，使用【直线】工具分割木平台平面，如图 5-58 所示，然后使用【推/拉】工具推拉出木平台高度，如图 5-59 所示。

08 打开【材料】面板，制作并赋予木平台原木材质，如图 5-60 所示，然后使用前面章节介绍的方法，调整材质拼贴效果，如图 5-61 所示。

09 继续调整木平台侧面材质细节，如图 5-62 所示。

10 参考图纸，结合使用【矩形】、【推/拉】及【旋转】等工具逐步制作单排花架，如图 5-63~图 5-64 所示。

11 参考图纸，整体复制木平台与单排花架至对侧，如图 5-65 所示。

12 使用【翻转方向】右键菜单命令调整木平台与花架朝向，如图 5-66 所示。

13 参考图纸，结合使用【矩形】与【推/拉】工具逐步制作跌水水池模型，如图 5-67~图 5-69 所示。

14 选择池底模型面，通过移动复制创建出水面，如图 5-70 所示，赋予水面池水材质，完成跌水制作，如

图 5-71 所示。

图 5-59 拉伸平台高度

图 5-60 制作并赋予木平台原木材质

图 5-61 调整木纹拼贴效果

图 5-62 木平台完成效果

图 5-63 绘制单排花架栅格轮廓

图 5-64 推拉出花架栅格及柱子造型

图 5-65 复制花架

图 5-66 调整木平台与花架朝向

图 5-67 绘制跌水水池平面

图 5-68 制作小水池模型

图 5-69 水池整体效果

图 5-70 向上移动复制水面

5.2.4 完成屋顶花园景观模型

01 参考图纸，结合使用【矩形】与【推/拉】等工具制作艺术花架模型，如图 5-72 所示。

02 参考图纸，使用【矩形】与【推/拉】工具创建方亭底部平台，如图 5-73 所示。

03 通过【组件】面板合并"方亭"模型组件，如图 5-74 所示，对齐其位置至平台中心，如图 5-75 所示。

图 5-71 跌水完成效果 　　　　　图 5-72 制作艺术花架 　　　　　图 5-73 创建方亭底部平台

04 选择隐藏参考底图，如图 5-76 所示，打开【材料】面板赋予屋面石材材质，如图 5-77 所示。

05 屋顶花园景观模型制作完成，如图 5-78 所示。接下来制作建筑层简模。

图 5-74 合并方亭模型 　　　　　图 5-75 调整方亭位置 　　　　　图 5-76 隐藏参考图纸

图 5-77 赋予屋面石材材质 　　　　　　　图 5-78 屋顶花园完成效果

5.3 创建建筑层简模

01 参考图纸，绘制底部平面，然后向下推拉出建筑一层轮廓，如图 5-79 所示，通过多次复制推拉，得到建筑的多层效果，如图 5-80 所示。

02 结合使用【矩形】与【推/拉】工具，创建飘窗轮廓，如图 5-81 所示，将顶部边线等分为 6 份，如图 5-82 所示。

03 使用【直线】工具捕捉等分点进行分割，结合使用【偏移】与【推/拉】工具制作窗框细节，如图 5-83 与图 5-84 所示。

04 使用【推/拉】工具制作飘窗顶部窗板，如图 5-85 所示，然后结合使用【偏移】与【推/拉】工具制作顶部细节，如图 5-86 所示。

05 赋予飘窗各部件对应材质，然后将其复制到本墙面的其他窗户位置，如图 5-87 所示。

06 使用类似方式，制作其他墙面上的窗户模型，如图 5-88 所示，最终完成模型效果图 5-89 所示。

图 5-79 向下推拉出建筑轮廓

图 5-80 连续推拉制作多层效果

图 5-81 创建飘窗轮廓

图 5-82 等分顶部边线

图 5-83 创建窗框细节

图 5-84 窗框完成效果

图 5-85 制作飘窗顶部窗板

图 5-86 制作飘窗顶部细节

图 5-87 指定材质并复制飘窗

图 5-88 制作其他墙面窗户

图 5-89 屋顶花园与建筑模型整体效果

5.4 导入 3ds max

5.4.1 导出 3DS 文件

01 执行【文件】/【导出】/【三维模型】菜单命令，如图 5-90 所示，在弹出面板中设置导出文件路径、文件名以及【选项】参数，如图 5-91 所示。

图 5-90 执行【导出】命令

图 5-91 设置导出路径并调整导出参数

02 单击【导出】按钮进行导出，会显示一个导出进度框，如图 5-92 所示，导出成功后即弹【3DS 导出结果】提示框，如图 5-93 所示。

图 5-92 导出进度框

图 5-93 3DS 导出结果提示框

图 5-94 打开 3ds max

5.4.2 导入至 3ds max

01 启动 3ds max 软件，如图 5-94 所示，选择【自定义】\【单位设置】命令，设置系统与显示单位为毫米，如图 5-95 所示。

02 执行【文件】/【导入】菜单命令，如图 5-96 所示，在弹出的对话框中找到之前导出的 3ds 文件，如图 5-97 所示，单击【打开】按钮。

图 5-95 设置单位

图 5-96 执行【文件】/【导入】菜单命令

图 5-97 选择导入文件

03 3ds 文件成功导入后，单击 3ds max 命令面板 图标，进入实用程序面板，单击【位图/光度学路径】按钮打开路径编辑器，如图 5-98 所示，指定 SketchUp 导出贴图所在的路径，最后单击【使用路径】按钮指定贴图路径，如图 5-99 所示。

图 5-98　打开【位图/光度学路径】编辑器

图 5-99　设置贴图路径

图 5-100　正确显示贴图的模型

技 巧

如果实用程序面板未显示【位图/光度学路径】工具按钮，可单击该面板中的【更多】按钮，在打开的对话框中选择【位图/光度学路径】工具。

04　设置贴图路径后，模型贴图得到正确显示，显示效果如图 5-100 所示，此时按 Shift+Q 键进行默认渲染，将得到如图 5-101 所示的渲染效果。

5.4.3 确定摄影机角度

01　按 P 键进入【透视图】，通过 3ds max 界面右下角视图控制区按钮，旋转与平移当前视图，确定观察角度，如图 5-102 所示。

02　按 Ctrl+C 键，创建对应角度的摄影机，然后设置渲染输出比例，如图 5-103 所示。

图 5-101　确认贴图后的模型渲染效果

图 5-102　切换至透视图

图 5-103　创建相机并调整渲染输出比例

03　单击鼠标右键添加【应用摄影机校正修改器】菜单命令，如图 5-104 所示，纠正建筑倾斜，得到最终摄影机效果，如图 5-105 所示。

图 5-104　添加【应用摄影机校正修改器】

图 5-105　调整后的摄影机视图效果

5.5　调整材质

5.5.1 地面石材

01 为了能够使用 VRayMtl 材质模拟反射与折射细节，需要先将渲染器切换为 VRay 渲染器，如图 5-106 所示。

02 按 M 键，打开【材质编辑器】，选择任意一个空白材质球，单击从对象吸取材质按钮，吸取屋顶地面石材，如图 5-107 所示。

03 进入【贴图】卷展栏，将【漫反射】贴图拖动复制至【凹凸】贴图通道，调整数值为 80，制作出凹凸细节，如图 5-108 所示。

图 5-106　切换至 VRay 渲染器　　　图 5-107　吸取屋顶地面石材　　　图 5-108　制作凹凸细节

04 调整【高光级别】与【光泽度】数值，模拟出地面石材表面高光细节，如图 5-109 所示。

5.5.2 墙壁石材

01 选择另一个空白材质球，吸取墙壁石材，进入【贴图】卷展栏，制作出墙壁石材凹凸效果，如图 5-110 所示。

02 调整【高光级别】与【光泽度】数值，模拟出墙壁石材表面高光细节，如图 5-111 所示

图 5-109　制作高光细节　　　图 5-110　制作墙壁石材凹凸效果　　　图 5-111　制作墙壁石材高光效果

5.5.3 花池石壁

01 选择另一个空白材质球，吸取当前的花池池壁石材，进入【贴图】卷展栏，制作出墙壁石材凹凸细节，如图 5-112 所示。

02 调整【高光级别】与【光泽度】数值，模拟出花池石壁材质表面高光细节，如图 5-113 所示。

5.5.4 原木材质

01 选择一个空白材质球，吸取当前的原木材质，进入【贴图】卷展栏，制作出原木表面凹凸细节，如图 5-114 所示。

图 5-112　制作花池石壁凹凸细节　　　　图 5-113　制作花池石壁高光细节　　　　图 5-114　制作原木材质凹凸细节

02 调整【高光级别】与【光泽度】数值，模拟出原木表面轻微高光变化，如图 5-115 所示。

5.5.5 清漆木纹材质

01 选择一个空白材质球，吸取当前的木纹材质，复制其【漫反射】贴图，如图 5-116 所示。

02 单击 Standard 按钮，在弹出的【材质/贴图浏览器】中选择 VRayMtl 材质类型，将材质转换为 VRayMtl 材质，在漫反射贴图通道粘贴之前复制的【漫反射】贴图，如图 5-117 所示。

图 5-115　制作原木材质高光细节　　　　图 5-116　复制漫反射贴图　　　　图 5-117　转换材质并粘贴贴图

03 进入【反射】参数组，调整反射强度参数，并勾选【菲涅尔反射】参数，如图 5-118 所示。

04 调整【高光光泽度】与【反射光泽度】数值，模拟木纹材质表面反射模糊与高光细节，如图 5-119 所示。

> **提　示**
> 单击反射颜色样本可以选择一种颜色（色相）作为反射颜色，同时颜色的 Value［亮度或灰度］值也决定了材质反射的强度。亮度值越大，反射效果越强。黑色没有反射，灰色中度反射，白色完全镜面反射。

5.5.6 池水材质

01 选择任意一个空白材质球，并吸取当前的池水材质，将其转换为 VRayMtl 材质，调整其【漫反射】颜色，如图 5-120 所示。

02 进入【反射】参数组，调整池水材质反射与高光细节，如图 5-121 所示。

03 进入【折射】参数组，调整池水材质透明度与颜色细节，并注意勾选【影响阴影】参数，以形成正确的透明阴影，如图 5-122 所示。

04 进入【贴图】卷展栏，在【凹凸】贴图通道内添加【噪波】程序贴图，然后调整参数制作池水表面的波纹细节，如图 5-123 所示。

图 5-118　调整反射细节

图 5-119　调整表面模糊与高光细节

图 5-120　调整 VRay 基本材质漫反射颜色

图 5-121　调整池水反射细节

图 5-122　调整池水折射透明细节

图 5-123　调整池水波纹细节

5.5.7　玻璃材质

01 选择任意一个空白材质球，吸取窗户玻璃材质，将其转换为 VRayMtl 材质。调整其【漫反射】与【反射】细节，如图 5-124 所示。

02 进入【折射】参数组，调整池水材质透明度与颜色细节，并注意勾选【影响阴影】参数，以形成正确的透明阴影，如图 5-125 所示。

图 5-124　调整玻璃材质漫反射与反射细节

图 5-125　调整玻璃材质折射透明细节

03 本例场景主要材质调整完成，接下来进行灯光的布置并渲染出图。

5.6 布置灯光并渲染出图

5.6.1 设置测试渲染参数

为了加快测试渲染的速度，需要设置较低的渲染参数。

01 按 F10 键，打开渲染设置面板，进入【VRay】选项卡中的【全局开关】卷展栏，设置参数如图 5-126 所示。

02 进入【图像采样器（抗锯齿）】卷展栏，设置采样器参数如图 5-127 所示，并关闭抗锯齿过滤，以加快测试渲染的速度。

图 5-126 设定【全局开关】卷展栏参数

图 5-127 设定【图像采样器】卷展栏参数

03 进入【间接光照】选项卡中的【间接照明】卷展栏，设置全局照明引擎如图 5-128 所示。

04 分别进入【发光贴图】与【灯光缓冲】卷展栏，设置相关参数如图 5-129 所示。

图 5-128 设定【间接照明】卷展栏参数

图 5-129 设定【发光贴图】与【灯光缓冲】参数

5.6.2 布置灯光

01 进入【灯光创建】面板，选择【标准】灯光类型中的【目标平行光】，在【顶视图】中创建一盏灯光，如图 5-130 所示。

02 选择创建的灯光，在【前视图】中调整灯光角度与高度，如图 5-131 所示。

03 进入【灯光】修改面板，设置灯光强度、颜色、平行光参数以及阴影细节，如图 5-132 所示。

04 返回摄影机视图，按 Shift+Q 键进行测试渲染，得到如图 5-133 所示的渲染结果。至此，本例场景灯光布置完成。

图 5-130　创建目标平行光

图 5-131　调整灯光角度与高度

图 5-132　调整灯光参数

图 5-133　灯光测试渲染效果

5.6.3 渲染出图

1. 调整材质灯光细分

01　VRayMtl 材质的细分值影响材质效果的精细度，增加该数值，可以有效减少材质表面噪点，但也会延长渲染计算时间，因此需要在品质和渲染速度间进行平衡，本例调整"木纹材质"与"玻璃材质"的细分值如图 5-134 与图 5-135 所示。

02　当场景灯光使用了 VRayShadows（VRay 阴影）后，提高阴影的【细分】值可以减少光斑等品质问题，本例中调整【目标平行光】的细分值为 24，如图 5-136 所示。

图 5-134　调整木纹材质细分

图 5-135　调整玻璃材质细分

图 5-136　调整目标平行光细分

注 意

池水、玻璃等透明材质设置了【折射】参数，还需要对应调整【折射】参数组中的【细分】参数值。

2. 设置光子图参数

灯光测试完毕后，需要把灯光和渲染的参数值提高来完成最后的渲染工作。当成图尺寸比较大时，直接进行渲染速度会比较慢，所以通常先渲染小图的光子图，然后调用小图光子图测试材质并渲染输出大图，以提高渲染速度。

> **注 意**
>
> 一般要求不小于成图尺寸的五分之一，例如成图准备渲染成 3000×2250，光子图尺寸设置为 600×450 比较合适。

01 进入【图像采样器（抗锯齿）】卷展栏，调整其参数如图 5-137 所示。

02 进入【发光贴图】卷展栏，提高其参数并设置光子图保存路径与文件名，如图 5-138 所示。

图 5-137 调整【图像采样器】

图 5-138 提高【发光贴图】参数

03 进入【灯光缓冲】卷展栏，提高其参数并设置文件保存路径与文件名，如图 5-139 所示。

04 进入【DMC】采样器卷展栏，提高其参数以增加采样精度，如图 5-140 所示

图 5-139 提高【灯光缓冲】参数

图 5-140 提高【DMC 采样器】参数

05 以上参数调整完成后进入摄影机视图，按"Shift+Q"进行测试渲染，渲染完成效果如图 5-141 所示。

3. 设置最终出图参数

01 进入【公用】选项卡，设置最终渲染输出尺寸如图 5-142 所示。

图 5-141 光子图渲染结果

图 5-142 设置最终渲染图像尺寸

02 进入【图像采样器（抗锯齿）】卷展栏，调整抗锯齿过滤器为"Catmull-Rum"，如图 5-143 所示。

03 完成参数设置后，进入摄影机视图，按 Shift+Q 进行最终渲染，渲染完成效果如图 5-144 所示。

图 5-143　调整抗锯齿过滤器

图 5-144　最终渲染结果

4. 渲染色彩通道

为了在后期处理时能够精确选择各材质区域进行处理，还需要渲染一张相同大小的材质通道图。

01 选择【文件】\【另存为】命令，将当前场景另存一份。

02 按 M 键进入【使用层颜色材料】面板，将各材质调整为纯色并设置自发光强度为 100，如图 5-145 所示。

03 此时场景模型显示效果如图 5-146 所示，切换渲染器为"默认扫描线渲染器"，如图 5-147 所示。

图 5-145　调整纯色并设置自发光

图 5-146　场景材质调整完成效果

04 进入摄影机视图，按 Shift+Q 键，渲染完成得到如图 5-148 所示的材质通道图。接下来进行后期处理。

图 5-147　切换回默认扫描线渲染器

图 5-148　色彩通道渲染效果

5.7 Photoshop 后期处理

5.7.1 制作背景

01 启动 Photoshop CS5，按 Ctrl + O 键，打开最终渲染图像，如图 5-149 所示。

02 选择工具箱魔术橡皮擦工具，移动光标至白色背景位置单击，清除白色背景，"背景"图层也同时转换为"图层 0"普通图层，如图 5-150 所示。

图 5-149 打开最终渲染图

图 5-150 清除白色背景

03 按 V 键启用移动工具，按住 Shift 键，拖动复制材质通道图至成图图像窗口，调整图层叠放顺序并命名，如图 5-151 所示。单击材质通道图所在图层左侧的眼睛图标，暂时隐藏图层。

04 打开配套资源背景素材，如图 5-152 所示，将其拖动复制到当前图像窗口，按 Ctrl + T 键开启自由变换，调整位置与图层顺序，制作出群山远景效果，如图 5-153 所示。

图 5-151 合并图像

图 5-152 打开背景素材

图 5-153 制作群山远景效果

05 打开配套资源另一张群山背景素材，如图 5-154 所示，通过类似方法制作中景，如图 5-155 所示，降低图层的不透明度。

图 5-154 打开背景素材

图 5-155 制作中景效果

图 5-156 打开草地素材

5.7.2 添加草地和植物配景

01 打开配套资源草地图片，如图 5-156 所示，按 Ctrl+A 键全选图像，按 Ctrl＋C 键复制图像。

02 重新显示"材质通道图"图层，选择工具箱魔棒工具，在工具选项栏中取消"连续"复选框的勾选，在屋顶花园草地材质区域单击鼠标，选择所有草地材质区域，如图 5-157 所示。

03 执行【编辑】\【选择性粘贴】\【贴入】命令，得到一个以当前选区为蒙版的草地图层，如图 5-158 所示，草地图像只显示在草地材质区域。

图 5-157　创建草地材质选区　　　　　　　　　图 5-158　粘贴草地图像

04 此时草地纹理过粗，按 Ctrl＋T 键调整大小，然后选择复制到其他未覆盖的草地材质区域。

05 打开配套资源"灌木"素材如图 5-159 所示，将其调入，然后调整位置与造型大小，如图 5-160 所示。

06 使用同样方法添加其他灌木，完成效果如图 5-161 所示。

图 5-159　打开灌木素材　　　　　图 5-160　调整灌木造型与位置　　　　　图 5-161　添加其他灌木

07 打开配套资源"花丛"素材，如图 5-162 所示，将其合并，调整位置与造型大小，如图 5-163 所示。

08 继续添加其他花丛，如图 5-164 所示。

图 5-162　打开花丛素材　　　　　图 5-163　调整花丛造型与位置　　　　　图 5-164　添加其他花丛

09 打开"墙藤"素材，如图 5-165 所示，将其调入后调整效果如图 5-166 所示。

图 5-165　打开墙藤素材　　　　图 5-166　调入并调整墙藤　　　　图 5-167　打开小树素材

10 打开配套资源"第05章|小树"素材，如图 5-167 所示，将其调入并调整位置与造型大小，如图 5-168 所示。

11 复制得到其他位置的树木，然后对造型进行微调，满足透视关系，如图 5-169 所示。

图 5-168　调整小树造型与位置　　　　图 5-169　复制小树　　　　图 5-170　添加枯树

12 通过类似方式添加屋顶花园近端的其他树木，如图 5-170~图 5-172 所示。

13 屋顶花园外围最终效果如图 5-173 所示。

图 5-171　添加桃树　　　　图 5-172　屋项花园近端完成效果　　　　图 5-173　屋项花园外围完成效果

14 制作屋顶花园内侧的细节，当前效果如图 5-174 所示。

15 打开配套资源"第05章|花丛"素材，如图 5-175 所示，将其合并至内部草皮上方并调整范围大小，如图 5-176 与图 5-177 所示。

16 底层花丛制作好后，再逐步制作灌木丛、树木以及石块细节，如图 5-178~图 5-180 所示。

图 5-174 屋顶花园内部当前效果

图 5-175 打开花丛素材

图 5-176 制作内部花丛

图 5-177 内部花丛完成效果

图 5-178 合并灌木

图 5-179 合并桃树

17 打开配套资源"荷花"素材，制作水池中的细节，效果如图 5-181 所示。

18 经过以上处理，屋顶花园植物配景添加完成，当前效果如图 5-182 所示。接下来制作近景细节。

图 5-180 合并石块

图 5-181 合并荷花

图 5-182 屋顶花园细节完成效果

5.7.3 整体最终调整

01 在屋顶花园的左下角添加一些树冠素材，既可以填补构图的空白，又可以解决建筑与地面脱节的问题，如图 5-183 所示。

02 执行【图层】\【新建调整图层】\【照片滤镜】命令，设置参数如图 5-184 所示，统一整个画面的颜色。

03 在画面的右上角添加和制作光线、云雾效果，渲染出画面的气氛，如图 5-185 所示。

04 设置前景色为黑色，选择工具箱画笔工具 ，在工具选项栏中设置不透明度为 20%，调整合适的笔刷大小，在画面下端涂抹，制作出暗角效果，将视角焦点引向画面中央，如图 5-186 所示。

05 读者可以根据自己的需要和自己的想法，对图像作更多的处理。

图 5-183　添加近端的树木

图 5-184　统一色调

图 5-185　添加光线和云雾效果

图 5-186　制作底端暗角

第6章

道路及站台绿化全模表现

本章介绍公路绿化效果表现的方法，包括 SketchUp 创建公路和站台模型的方法，以及通过 Photoshop 进行细节美化的方法。

本例将学习全模场景的创建和渲染方法，区别于通过后期处理添加树木、人物、车辆等配景，全模场景所有元素全部通过模型的方式创建，从而大大减轻了后期处理的工作量，同时又可渲染得到真实细腻的渲染效果，如图 6-1 与图 6-2 所示。全模渲染目前已经成为比较流行的一种建筑表现方法。

图 6-1　全模渲染效果 1

图 6-2　全模渲染效果 2

最后通过简单的后期处理，得到如图 6-3 与图 6-4 所示的最终效果。

图 6-3　后期最终效果 1

图 6-4　后期最终效果 2

6-1　处理图纸并分析建模思路

6.1.1 整理 AutoCAD 文件并导出为 JPG

启动 AutoCAD，按 Ctrl+O 键，打开本书配套资源"第 06 章|公路绿化.dwg 文件"，如图 6-5 所示。使用【矩形】工具划定本例表现的道路范围，如图 6-6 所示。

图 6-5　打开 AutoCAD 图纸

图 6-6　划定表现范围

在命令行输入 TR 并按 Enter 键，启用【修剪】工具修剪表现范围外线段，如图 6-7 所示，然后选择删除表现范围外的图形，如图 6-8 所示。

图 6-7　修剪线段

图 6-8　清理图纸效果

为了便于观察，按 Ctrl+A 键全选当前图形，统一调整为白（黑）色显示，如图 6-9 所示。

图 6-9　设置图形颜色

图 6-10　设置打印参数

按 Ctrl+P 键，弹出【打印-模型】对话框，设置打印参数如图 6-10 所示，单击【预览】按钮可以看到如图 6-11 所示的打印预览效果。

单击【确定】按钮开始打印输出，得到如图 6-12 所示的 JPG 格式道路平面图。

图 6-11　打印预览效果

图 6-12　打印输出效果

6.1.2 导入图纸至 SketchUp

`01` 打开 SketchUp，通过【模型信息】面板设置场景单位与精确度，如图 6-13 所示。

`02` 执行【文件】/【导入】菜单命令，如图 6-14 所示，调整类型为 "所有支持的图像类型"，然后选择之前导出的图片，以 "图像" 方式进行导入，如图 6-15 所示。

图 6-13　设定场景单位与精确度

图 6-14　执行【导入】菜单命令

图 6-15　导入图片

图 6-16　对齐图片左下角至原点

03 选择导入的图片，将其左下角与原点对齐，如图 6-16 所示。测量 CAD 图纸中公路宽度，如图 6-17 所示。

图 6-17　测量 CAD 图纸中公路宽度

图 6-18　测量导入图纸公路宽度

04 启用【卷尺】工具，测量导入图纸中当前公路的宽度，如图 6-18 所示，然后输入 20000 并确认重置图片大小，如图 6-19 示。

05 移动场景人物模型至人行道处，确认图纸比例，如图 6-20 所示。

图 6-19　确认重置图片大小

图 6-20　通过人物确认重置比例

6.1.3 分析建模思路

首先创建公路及人行道轮廓，如图 6-21 所示，然后逐步细化公路、人行道，并最终并入道路两侧的建筑简模，如图 6-22 与图 6-23 所示。

图 6-21 创建轮廓

图 6-22 细化公路、人行道

图 6-23 合并建筑模型

在 SketchUp 中完成基本模型创建后，通过导出为 3ds 格式文件，在 3ds max 中确定表现角度，如图 6-24 所示，然后添加灯具、车辆、人物、绿化等配景模型，最终完成全模场景的建立，如图 6-25 与图 6-26 所示。

图 6-24 确定表现角度

图 6-25 建立轮廓并细化公路

图 6-26 添加环境配景模型

6.2 创建基本模型

6.2.1 创建整体轮廓平面

01 启用【直线】工具快速创建道路轮廓平面，绘制外轮廓如图 6-27 所示，快速封面完成图 6-28 所示。

图 6-27 绘制外轮廓

图 6-28 快速封面

02 使用【圆弧】工具处理道路边缘圆角细节，如图 6-29 所示。

03 选择创建的轮廓平面，启用【偏移】工具向内偏移复制 2000mm，分割出人行道平面，如图 6-30 所示。

04 同样参考图纸，处理内部圆角细节，如图 6-31 所示。

图 6-29　绘制道路边缘圆角　　　　图 6-30　偏移复制轮廓　　　　图 6-31　处理内部圆角细节

05 通过类似方式分割下方岔道平面，如图 6-32 所示。至此，路面整体以及细节分割均创建完成，如图 6-33 所示。

图 6-32　分割下方岔道平面　　　　　　　　图 6-33　路面轮廓整体效果

6.2.2 细化公路

01 选择内部公路平面，单独创建群组，如图 6-34 所示。然后选择外部人行道平面，也创建群组，如图 6-35 所示。

图 6-34　创建内部公路平面群组　　　　　　图 6-35　创建外部人行道群组

02 选择隐藏人行道平面【组】，如图 6-36 所示，接下来逐步细化如图 6-37 所示的公路主平面。

03 参考图纸，启用【直线】工具，分割出中央路面，如图 6-38 所示，然后为其制作并赋予路面贴图，如图 6-39 所示。

图 6-36 隐藏人行道组

图 6-37 公路主平面

图 6-38 分割中央路面

图 6-39 赋予路面贴图

04 调整中央路面贴图大小,如图 6-40 所示,然后为岔道等区域赋予柏油路面贴图,如图 6-41 所示。

05 经过以上调整,当前的道路效果如图 6-42 所示,接下来细化斑马线。

图 6-40 调整中央路面贴图大小

图 6-41 赋予其他区域路面贴图

图 6-42 当前道路效果

06 参考图纸,启用【直线】工具分割斑马线区域,如图 6-43 所示。

07 启用【矩形】工具绘制斑马线,如图 6-44 所示,然后复制得到其他斑马线,完成效果如图 6-45 所示。

图 6-43 分割斑马线区域

图 6-44 绘制斑马线

图 6-45 复制斑马线

08 启用【矩形】工具分割路面花坛平面,如图 6-46 所示。结合使用【圆弧】与【推/拉】等工具,创建花坛模型，如图 6-47 所示。

09 使用【推/拉】工具制作内部草地，然后赋予相应的石材和草地材质，如图 6-48 所示。

图 6-46 分割路面花坛平面   图 6-47 创建花坛模型   图 6-48 赋予花坛材质

10 制作完成的花坛效果如图 6-49 所示，然后通过【组件】面板合并"中式公交站台"模型，如图 6-50 与图 6-51 所示。

图 6-49 花坛完成效果   图 6-50 合并中式公交站台   图 6-51 合并完成效果

11 通过同样的方法，制作其他位置的斑马线与花坛，如图 6-52 所示，公路整体完成效果如图 6-53 所示。接下来细化人行道与周边绿化。

6.2.3 细化人行道与绿化

01 重新显示隐藏的人行道平面【组】，启用【偏移】工具制作路沿平面，如图 6-54 所示，然后拉伸出一定的高度并赋予材质，如图 6-55 所示。

图 6-52 制作其他位置斑马线与花坛   图 6-53 公路整体完成效果   图 6-54 偏移制作路沿平面

02 通过相同方法制作内侧路沿，然后赋予人行道中央路面石材铺地，如图 6-56 所示。

[03] 参考图纸，使用【矩形】工具创建花坛平面，如图 6-57 所示，然后结合使用【推/拉】、【偏移】等工具制作相关细节，如图 6-58 与图 6-59 所示。

图 6-55　拉伸并赋予材质　　　　图 6-56　赋予路面石材铺地　　　　图 6-57　参考图纸创建花坛平面

[04] 参考图纸，结合使用【矩形】及【圆弧】等工具制作两侧的草地，如图 6-60 与图 6-61 所示。

图 6-58　偏移复制　　　　　　图 6-59　花坛模型完成效果　　　　图 6-60　制作路边草地

6.2.4 合并建筑模型

[01] 打开【组件】面板，合并建筑简模 1，如图 6-62 所示，并将其放置到公路一侧，如图 6-63 所示。

图 6-61　草地完成效果　　　　　　　　　　图 6-62　合并建筑简模 1

[02] 合并入建筑简模 2，如图 6-64 所示，然后参考图纸移动到合适位置，如图 6-65 所示。

[03] 建筑简模布置完成后，当前场景模型效果如图 6-66 所示，接下来导出为 3ds 文件。

图 6-63 布置建筑简模

图 6-64 合并建筑简模 2

图 6-65 移动建筑简模

图 6-66 场景模型效果

6.3 导入 3dsmax 并创建摄影机

6.3.1 导出 3DS 文件

01 执行【文件】/【导出】/【三维模型】菜单命令，如图 6-67 所示，在弹出的面板中单击【选项】按钮，设置导出参数如图 6-68 所示。

图 6-67 执行【导出】命令

图 6-68 设置导出参数

02 单击【导出】按钮进行导出，如图 6-69 所示，导出成功后将弹出【3DS 导出结果】对话框，如图 6-70 所示。

图 6-69　导出三维模型

图 6-70　三维模型导出完成

6.3.2 导入 3ds max

01 启动 3ds max，设置系统与显示单位均为【毫米】。

02 执行【文件】/【导入】菜单命令，如图 6-71 所示，在弹出的【选择要导入的文件】面板中选择导出的 3ds 文件，如图 6-72 所示。

图 6-71　执行【文件】/【导入】菜单命令

图 6-72　选择导入文件

03 进入实用程序【工具】面板，单击【位图/光度学路径】按钮，打开【位图/光度学路径编辑器】面板，查找贴图路径如图 6-73 所示。

图 6-73　打开路径编辑器

图 6-74　设置贴图路径

04 全选贴图列表中所有贴图文件，单击　按钮打开【选择新路径】面板，在面板中设置贴图路径为之前的导出路径，然后单击【使用路径】按钮设置新的路径，如图 6-74 所示。

05　贴图路径设置正确后，透视图会显示出贴图效果，如图 6-75 所示，按 Shift+Q 键快速渲染，得到默认渲染效果如图 6-76 所示。

图 6-75　正常显示贴图效果　　　　　图 6-76　默认渲染效果　　　　　图 6-77　旋转并平移视图

6.3.3 确定摄影机角度

01　按 P 键切换至【透视图】，通过视图旋转、平移操作确定观察角度，如图 6-77 所示。

02　按 Ctrl+C 键，创建当前角度下的摄影机，然后进入修改面板调整【镜头值】为 35，如图 6-78 所示。

03　按 F10 键进入【渲染设置】面板，在【公用】选项卡中设置【输出大小】为 500×350，调整构图如图 6-79 所示。

04　按 Shift+Q 键，渲染当前视角效果，如图 6-80 所示。

图 6-78　创建摄影机并调整镜头值　　　图 6-79　调整输出大小　　　　图 6-80　视角 1 默认渲染效果

05　通过类似方法创建视角，如图 6-81 所示，然后渲染得到如图 6-82 所示的效果。接下来调整材质并创建灯光。

图 6-81　创建视角　　　　　　　　　　图 6-82　视角 2 默认渲染效果

6.4 调整材质灯光

6.4.1 调整场景材质

1. 调整建筑材质

01 在【公用】选项卡【指定渲染器】卷展栏中切换渲染器为 VRay 渲染器，如图 6-83 所示。

02 按 M 键打开【材质】面板，单击【吸取材质】按钮，吸取建筑表面材质至材质球，如图 6-84 所示。

图 6-83 切换渲染器

图 6-84 吸取材质

03 单击 Standard 按钮，选择 VRayMtl 材质类型，如图 6-85 所示。

04 单击【漫反射】贴图通道按钮，加载【VRay 边纹理材质】程序贴图，如图 6-86 所示。

图 6-85 转换材质类型

图 6-86 添加 VRay 边纹理贴图

05 设置【VRay 边纹理参数】颜色为黑色，【VRay 纹理材质】中的【漫反射】颜色为白色，如图 6-87 所示。

06 进入【折射】参数组，设定【折射】颜色为 134 的灰度，形成半透明效果，如图 6-88 所示。至此，建筑材质调整完成。

2. 调整公路材质

01 选择任意一个空白材质球，并吸取当前的公路材质，然后复制其【漫反射】贴图，如图 6-89 所示。

02 进入【贴图】卷展栏，粘贴【漫反射】贴图至【凹凸】贴图通道，制作出公路表面的凹凸细节，如图 6-90 所示。

图 6-87　调整材质与边纹理颜色

图 6-88　设置材质折射参数

图 6-89　复制贴图

图 6-90　制作材质凹凸效果

3. 调整地面铺地材质

01 选择任意一个空白材质球，吸取地面铺地材质，复制漫反射贴图至【凹凸】贴图通道，制作地面铺地材质凹凸细节，如图 6-91 所示。

02 调整【高光级别】与【光泽度】数值，模拟出铺地石材表面高光细节，如图 6-92 所示。

图 6-91　制作铺地材质凹凸效果

图 6-92　制作材质高光效果

4. 调整木纹材质

01 吸取木纹材质空白材质球，复制其【漫反射】贴图，如图 6-93 所示。

02 将材质转换为 VRayMtl 材质类型，粘贴之前复制的【漫反射】贴图，如图 6-94 所示。

03 进入【反射】参数组，调整反射强度并勾选【菲涅耳反射】复选框，如图 6-95 所示。

图 6-93 复制漫反射贴图   图 6-94 转换材质并粘贴贴图   图 6-95 调整反射强度

04 调整【高光光泽度】与【反射光泽度】数值，模拟木纹材质表面反射模糊与高光细节，如图 6-96 所示。

05 本例场景主要材质调整完成，接下来布置场景灯光。

6.4.2 布置场景灯光

1. 设置灯光测试渲染参数

01 按 F10 键打开渲染设置面板，进入 VRay 选项卡，在【全局开关】卷展栏取消【默认灯光】与【隐藏灯光】复选框勾选，设置【二级光线偏移】数值为 0.001，如图 6-97 所示。

图 6-96 调整材质反射模糊与高光效果   图 6-97 设置全局开关卷展栏参数

02 进入【图像采样器（抗锯齿）】卷展栏，调整【类型】为【固定】，关闭抗锯齿过滤器，如图 6-98 所示。

03 进入【间接光照】选项卡中的【间接照明】卷展栏，调整二次反弹引擎为【灯光缓冲】，如图 6-99 所示。

图 6-98 设置【图像采样器】卷展栏参数   图 6-99 设置【间接照明】卷展栏参数

04 设置【发光贴图】与【灯光缓冲】卷展栏参数如图 6-100 所示。至此，场景灯光测试渲染参数设置完成，接下来布置场景灯光。

2. 布置灯光

室外场景的主要光源是阳光与天光，这里使用【VRay 阳光】模拟太阳光，使用配套的【VRay 天光】贴图模拟室外环境光。

01 进入灯光创建面板，单击 VRay 灯光类型中的【VRay 阳光】按钮，在【顶视图】中拖动鼠标创建一盏阳光，并在弹出的提示框中单击【取消】按钮，取消自动添加【VRay 天光】，如图 6-101 所示。

02 选择创建的 VRay 阳光，在【前视图】中调整灯光角度与高度，然后进入修改面板设置相关参数，如图 6-102 所示。

图 6-100 设置发光贴图与灯光缓冲参数　　　图 6-101 创建 VRay 阳光　　　图 6-102 调整 VRay 阳光角度与高度

03 返回摄影机视图，按 Shift+Q 键进行渲染，得到如图 6-103 所示的效果，接下来通过【VRay 天光】模拟环境光，增加场景的亮度。

04 为了遮盖场景的空隙并形成远处地平面，在场景中创建一个【VRay 平面】，如图 6-104 所示。

图 6-103 VRay 阳光渲染效果　　　　　　图 6-104 创建 VRay 平面

05 按 8 键打开【环境与特效】面板，添加【VRay 天光】贴图，并关联复制至一个空白材质球，如图 6-105 所示。

06 单击【VRay 天光】材质球中的【阳光节点】按钮，在场景中拾取【VRay 阳光】，然后设置其他参数如图 6-106 所示。

图 6-105 关联复制环境贴图　　　　　　图 6-106 设置天光卷展栏参数

07 分别切换至两个摄影机视图进行测试渲染，得到如图 6-107 与图 6-108 所示的渲染效果。此时的场景非常单调，显得不够真实，接下来分别添加汽车、树木、人物等配景模型，创建完整的全模场景。

图 6-107 角度 1 渲染效果

图 6-108 角度 2 渲染效果

6.5 完成全模场景细化

6.5.1 添加路面模型细节

1. 添加路灯、交通指示灯

01 执行【文件】/【合并】菜单命令，打开【合并文件】面板，选择合并配套资源"路灯.max"模型。

02 路灯模型调入后，移动至公交站台一侧位置，并调整其正确的朝向，如图 6-109 所示，然后沿花坛进行关联复制，如图 6-110 所示。

图 6-109 调整路灯位置和方向

图 6-110 关联复制路灯模型

03 参考花坛分布，复制得到其他路灯模型，如图 6-111 所示。接下来合并交通指示灯。

图 6-111 复制得到其他路灯

图 6-112 合并交通指示灯模型 1

04 根据场景设计，在道路不同位置合并不同形式的交通指示灯，如图 6-112 与图 6-113 所示。

05 添加交通指示灯后的效果如图 6-114 所示，接下来添加车辆模型。

图 6-113 合并交通指示灯模型 2

图 6-114 添加交通指示灯后的效果

2. 添加车辆

01 执行【文件】/【合并】菜单命令，打开【合并文件】面板，选择配套资源"车流.max"文件，如图 6-115 所示。合并车流模型效果如图 6-116 所示。

图 6-115 合并车流模型

图 6-116 合并车流模型效果

02 车流模型合并后，根据场景以及摄影机角度特点调整车辆位置和车流方向，如图 6-117、图 6-118 所示。接下来合并人物并制作其他细节。

图 6-117 根据公交站台特点布置车辆

图 6-118 根据交叉路口特点布置车辆

3. 添加人物并完成其他细节

01 执行【文件】/【合并】菜单命令，选择配套资源"人物.max"文件，如图 6-119 所示。

图 6-119　合并人物模型

图 6-120　人物模型合并入场景效果

02 人物模型合并后，人物流向和位置毫无规律，如图 6-120 所示，首先根据摄影机视角 2 需要布置公交站台人物，如图 6-121 所示。

03 人物模型布置完成后，还需要为公交站台广告牌制作对应的贴图，如图 6-122 所示，此时摄影机视角效果如图 6-123 所示。

图 6-121　布置公交站台人物

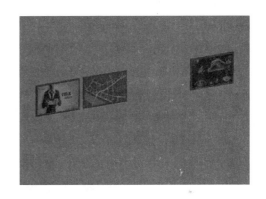

图 6-122　设置广告牌贴图

04 通过类似的方法，处理摄影机镜头 1 内叉道口的人物效果，如图 6-124 所示。

图 6-123　公交站台细节完成效果

图 6-124　叉道口细节完成效果

05 分别切换至两个摄影机视图，按 Shift+Q 键进行测试渲染，得到如图 6-125 与图 6-126 所示的渲染效果，接下来添加绿化植物。

图 6-125　公交站台测试渲染效果　　　　　　　　　　图 6-126　叉道口测试渲染效果

6.5.2 添加绿化

1. 添加乔木

01 执行【文件】/【合并】菜单命令，合并配套资源"行道树.max"文件，如图 6-127 所示。

02 移动行道树至人行道草地位置，按 7 键，在视图左上角显示模型面数（树模型为选择状态），可以发现其模型面数高达 60 多万，如图 6-128 所示，因此接下来对其进行网格化处理。

图 6-127　添加行道树模型　　　　　　　　　　图 6-128　查看模型面数

03 选择行道树任意一部分模型，单击鼠标右键选择【附加】菜单命令，如图 6-129 所示。

04 单击行道树其他部分进行【附加】，并选择【匹配材质 ID 到材质】选项，如图 6-130 所示。

图 6-129　选择【附加】命令　　　　　　　　　　图 6-130　选择【匹配材质 ID 到材质】选项

05 通过【附加】，将行道树组成一个整体。单击鼠标右键，选择"VRay 网格导出"菜单命令，如图 6-131 所示。

06 在弹出的【VRay 网格导出】面板中设置导出文件保存位置，并勾选【自动创建代理】复选框，如图 6-132 所示。

图 6-131　选择【VRay 网格导出】命令　　　　　图 6-132　设置【VRay 网格导出】参数

07 单击【确定】按钮，将模型转换为网格，即可发现其模型面数大幅降低，如图 6-133 所示。

08 根据场景需要，复制转换后的行道树网格模型，如图 6-134 所示，得到场景效果如图 6-135 所示。

图 6-133　成功导出为网格　　　　　　　　图 6-134　复制行道树网格模型

09 通过类似方法，合并其他树木模型并进行相同的网格处理，如图 6-136 所示，然后复制布置到其他区域，如图 6-137 与图 6-138 所示。

图 6-135　复制行道树　　　　　　　　　　图 6-136　合并树木

219

图 6-137　复制处理为网格后的树木

图 6-138　布置树木完成效果

2. 添加灌木花草

01 执行【文件】/【合并】菜单命令，合并配套资源"花草.max"模型，如图 6-139 所示。

02 根据花坛的位置与大小，布置花草模型并调整合适的大小，如图 6-140 所示。

图 6-139　合并花草模型

图 6-140　参考花坛大小布置花草模型

03 同样将花草模型进行网格处理，然后复制到其他花坛位置，如图 6-141 与图 6-142 所示。

图 6-141　复制花草到其他花坛位置

图 6-142　花坛花草布置效果

04 绿化布置完成后，进入摄影机视图进行测试渲染，得到如图 6-143 与图 6-144 所示的渲染效果。接下来进行最终渲染出图。

图 6-143　添加绿化后的叉道口测试渲染效果　　　　　图 6-144　添加绿化后的公交站台测试渲染效果

6.6 渲染出图

6.6.1 光子图渲染

1. 调整材质灯光细分

01　本场景中"建筑透明边线材质"与"木纹材质"为 VRay 基本材质，因此调整其细分值如图 6-145 和图 6-146 所示。

02　调整【VRay 阳光】的细分值为 24，如图 6-147 所示。

图 6-145　调整建筑透明边线材质细分值　　　图 6-146　调整木纹材质细分值　　　图 6-147　调整阳光的阴影细分值

2. 光子图渲染

01　进入【图像采样器（抗锯齿）】卷展栏，调整其参数如图 6-148 所示。

图 6-148　设置【图像采样器】参数　　　　　　图 6-149　设置【发光贴图】卷展栏参数

02　进入【发光贴图】卷展栏，提高其参数并设置文件保存路径与文件名，如图 6-149 所示。

03 进入【灯光缓冲】卷展栏，提高其参数并设置文件保存路径与文件名，如图 6-150 所示。

04 进入【DMC 采样器】卷展栏，提高其参数以增加采样精度，如图 6-151 所示。

图 6-150　设置【灯光缓冲】参数　　　　　　　　　　图 6-151　设置【DMC 采样器】参数

05 以上参数调整完成后，按 C 键进入摄影机视图，按 Shift+Q 键进行测试渲染，渲染完成效果如图 6-152 与图 6-153 所示。

图 6-152　摄影机角度 1 光子图渲染效果　　　　　　　图 6-153　摄影机角度 2 光子图渲染效果

6.6.2 最终渲染

01 进入【公用】选项卡，设置【输出大小】参数值如图 6-154 所示。

02 进入【图像采样器（抗锯齿）】卷展栏，调整抗锯齿过滤器为 "Catmull-Rom"，如图 6-155 所示。

图 6-154　设置最终图像渲染尺寸　　　　　　　　　图 6-155　调整抗锯齿过滤器参数

03 完成上述参数设置后，进入摄影机视图，按 Shift+Q 进行最终渲染，渲染完成效果如图 6-156 与图 6-157 所示。

6.7 Photoshop 后期处理

　　因为是全模渲染，植物、汽车、人物都已经作为模型添加，因而大大减轻了后期处理的工作量，但图中的一些不足，还是必须在后期处理中解决、完善。仔细观察如图 6-156 与图 6-157 所示的渲染结果，主要存在颜色偏蓝、偏绿，亮度不够，部分区域建模错误的问题，需要在后期处理中进行调整。

图 6-156　摄影机角度 1 最终渲染效果　　　　　　图 6-157　摄影机角度 2 最终渲染效果

1. 添加天空背景

01 启动 Photoshop，按 Ctrl+ O 键，打开 "摄影机角度 1.tga" 渲染图像，如图 6-158 所示。

02 显示通道图层，按 Ctrl 键单击 Alpha 1 通道，载入通道选区，如图 6-159 所示。

图 6-158　打开渲染图像　　　　　　　　　　　图 6-159　载入通道选区

03 按 Ctrl + J 键，复制选区图像至新建图层，如图 6-160 所示，新图层命名为 "道路" 图层。

04 按 Ctrl + O 键，打开配套资源提供的天空素材，将其添加至图像窗口，并移动至 "道路" 图层下方，如图 6-161 所示。

图 6-160　复制选区图像至新建图层　　　　　　　图 6-161　添加天空背景

2. 颜色和色调调整

01 选择 "道路" 图层为当前图层，执行【图层】\【新建调整图层】\【色阶】命令，设置色阶调整参数如图 6-162 所示，提高图像的亮度和对比度。

02 继续执行【图层】\【新建调整图层】\【曲线】命令，设置曲线调整参数如图 6-163 所示，继续提高图像的亮度。

图 6-162　设置色阶调整参数

图 6-163　设置曲线调整参数

03 执行【图层】\【新建调整图层】\【色彩平衡】命令，添加【色彩平衡】调整图层，分别单击选择"中间高""阴影"和"高光"单选按钮，设置参数如图 6-164 所示，纠正图像的色偏，增强冷暖颜色对比。

04 色彩平衡调整效果如图 6-165 所示。

图 6-164　设置【色彩平衡】参数

图 6-165　色彩平衡调整效果

05 选择画笔工具，设置前景色为黄色，按 "[" 和 "]" 键调整合适的笔刷大小，在树木和灌木向阳的位置单击，制作树木的颜色变化，使效果更为真实，如图 6-166 所示。

3. 修复建模错误

01 由于建模时疏忽，斑马线与道路分隔线发生了交叉，如图 6-167 所示。如果重新建模渲染，将耗费比较长的时间，这里使用后期处理的方法进行修复。

图 6-166　涂抹黄色

图 6-167　路面建模错误

02 选择工具箱多边形套索工具，连续单击，选择相邻的路面区域，如图 6-168 所示。

03 按 V 键切换至移动工具，按 Alt 键，拖动复制路面选区至有多余交叉线位置，修复模型问题。使用同样方法处理其他分隔线问题，最终效果如图 6-169 所示。

图 6-168 选择相邻的路面区域

图 6-169 模型修复最终效果

4. 最终效果处理

01 新建一个图层，选择工具箱画笔工具 ✐，设置前景色为白色，在道路近端进行涂抹，降低图层的不透明度，添加云雾效果营造出空间的立体感和层次感，如图 6-170 所示。

02 在画面的左侧制作光线和眩光效果，增强场景的艺术氛围，如图 6-171 所示。道路交叉路口后期处理完成。

图 6-170 添加云雾效果

图 6-171 添加光线效果

03 使用同样的方法，处理公交车站的效果，如图 6-172 所示。道路与站台绿化后期处理全部完成。

图 6-172 公交车站后期处理效果

第 **7** 章

滨水广场漫游动画

　　滨水一般指同海、湖、江、河等水域濒临的陆地边缘地带。滨水广场充分利用自然资源，把人工建造的环境和当地的自然环境融为一体，增强人与自然的可达性和亲密性，是城市居民基本的活动空间，是表现城市形象的重要节点，也是往来旅游者开发开展观光活动的场所。

本章首先以图 7-1 所示的滨水广场彩平图为参考，创建滨水广场三维模型，如图 7-2~图 7-5 所示。

图 7-1　滨水广场彩平图

图 7-2　滨水广场模型鸟瞰效果

图 7-3　滨水广场主道入口节点效果

图 7-4　滨水广场节点效果

图 7-5　滨水广场整体效果

图 7-6　添加外围建筑简模

　　然后在滨水广场模型基础上，添加场景延伸、外围建筑以及船舶等模型，完善场景，如图 7-6~图 7-8 所示，为漫游动画制作提供必要的条件。

图 7-7　添加水面船舶

图 7-8　漫游场景鸟瞰效果

最后通过使用【漫游】工具，完成"鸟瞰"、"入口—广场"、"水面人视"及"亲水木平台—广场"四段漫游动画的制作，如图 7-9~图 7-12 所示。

图 7-9　鸟瞰场景漫游截屏效果

图 7-10　入口—广场场景漫游截屏效果

图 7-11　水面人视—广场场景漫游截屏效果

图 7-12　亲水木平台—广场场景漫游截屏效果

7.1 导入图片并分析建模思路

7.1.1 导入彩平图至 SketchUp

01 启动 SketchUp 软件，进入【模型信息】面板，设置场景单位为 mm。

02 执行【文件】/【导入】菜单命令，如图 7-13 所示。弹出【导入】面板，设置文件类型为"所有支持的图像类型"，以"用作图像"方式导入配套资源"第 07 章/参考手绘/滨水广场平面.jpg"文件，如图 7-14 所示。

图 7-13　执行【文件】/【导入】菜单命令

图 7-14　导入滨水广场平面图

03 图片导入场景后，移动鼠标，将图片左下角点与原点对齐，如图 7-15 所示。

04 参考场景中人物比例，通过【缩放】工具调整图纸大小，然后通过测量道路宽度，确定图纸大小是否在一个比较合理的数值范围内，如图 7-16~图 7-18 所示。

图 7-15　捕捉原点对齐图片

图 7-16　缩放图纸

图 7-17　以人物为参考调整比例

图 7-18　测量道路确定比例

7.1.2 分析建模思路

观察滨水广场彩平图可以发现，其景观主要分为左侧的步行主道及建筑区域和右侧的半圆形广场区域，如图 7-19 与图 7-20 所示。

图 7-19　步行主道及建筑区域　　　　　　　　　图 7-20　半圆形广场区域

因此在本例模型的创建过程中，首先参考图纸进行平面分割，完成步行主道及建筑简模的制作，如图 7-21~图 7-23 所示。

图 7-21　分割主道及建筑平面　　　　　图 7-22　细分主道模型　　　　　图 7-23　制作建筑简模

然后参考图纸逐步完成右侧半圆形区域内外围建筑、入口广场、休闲广场、下沉广场以及亲水木平台的制作，如图 7-24~图 7-26 所示。

图 7-24　制作半圆广场外围建筑　　　图 7-25　制作入口广场与休闲广场　　　图 7-26　制作下沉广场与亲水木平台

最后制作外围公路并添加配景、植物及人物等模型，如图 7-27~图 7-29 所示。

图 7-27 制作外围道路   图 7-28 合并配景模型   图 7-29 添加树木、人物等细节

7-2 创建步行主道、建筑及周边设施

7.2.1 分割各区域平面

01 参考图纸，使用【直线】工具对步行主道以及建筑区域进行封面，如图 7-30 与图 7-31 所示。

02 快速封面完成后，使用【圆弧】工具制作路面圆角细节，然后使用【矩形】工具制作整体平面，如图 7-32 与图 7-33 所示。

图 7-30 使用直线工具快速封面   图 7-31 封面完成效果   图 7-32 绘制圆角

03 参考图纸，使用【直线】工具快速分割步行主道平面，如图 7-34 与图 7-35 所示。

图 7-33 创建整体平面   图 7-34 分割步行主道平面   图 7-35 步行主道平面分割完成效果

04　结合使用【矩形】与【直线】工具快速分割建筑平面，然后将其创建为【组】，如图 7-36 与图 7-37 所示。

05　参考图纸，使用【直线】工具分割步行主道各个区域，如图 7-38 所示。

图 7-36　分割建筑平面　　　　　图 7-37　创建建筑平面组　　　　　图 7-38　分割步行主道区域

7.2.2 细化步行主道

01　参考图纸，使用【圆弧】工具绘制灌木区域平面，如图 7-39 与图 7-40 所示。

图 7-39　分割灌木平面　　　　　图 7-40　平面分割完成效果　　　　　图 7-41　绘制灌木细节平面

02　参考图纸，使用【直线】工具绘制灌木与主道细节平面，如图 7-41~图 7-43 所示。

图 7-42　绘制灌木区域细节平面　　　　　　　　图 7-43　绘制主道细节平面

03　平面分割完成后，打开【材料】面板，为主道外围路面赋予对应石材材质，如图 7-44 与图 7-45 所示。

图 7-44 赋予主道外侧路面石材 1　　图 7-45 赋予主道外侧路面石材 2　　图 7-46 赋予步行主道路面石材

04 为步行主道赋予石板材质，如图 7-46 与图 7-47 所示。接下来制作路沿细节。

05 启用【偏移】工具，向内以 200mm 的距离制作路沿平面，然后赋予石材，如图 7-48 与图 7-49 所示。

图 7-47 赋予步行主道间隔石材　　图 7-48 向内偏移制作路沿平面　　图 7-49 赋予路沿石材

06 启用【推/拉】工具，制作路沿高度，如图 7-50 所示。接下来制作草坪与花丛。

07 赋予草地平面对应材质，如图 7-51 所示。

08 赋予花丛平面花丛贴图材质，然后推拉出花丛高度，如图 7-52 与图 7-53 所示。

09 参考图纸，启用【矩形】工具，绘制树池平面，如图 7-54 所示。

图 7-50 推拉出路沿高度　　图 7-51 赋予草地材质　　图 7-52 赋予花丛材质

图 7-53 花丛模型完成效果　　图 7-54 绘制树池平面　　图 7-55 推拉出树池高度

233

10 结合使用【推/拉】、【缩放】以及【偏移】工具，制作树池细节造型，如图7-55~图7-57所示。

11 将制作的树池模型整体创建为【组件】，然后参考图纸进行快速复制，如图7-58与图7-59所示。

图7-56 缩放制作边沿倒角效果　　　　图7-57 制作树池细节　　　　　　图7-58 创建树池群组

12 打开【组件】面板，合并"树池座凳"模型组件，放置到合适的位置，如图7-60与图7-61所示。

图7-59 快速复制树池　　　　　　图7-60 合并树池座凳模型　　　　　图7-61 调整座椅位置

13 参考图纸，通过移动复制，快速制作其他位置的树池模型，如图7-62~图7-64所示。

图7-62 复制制作外侧位置树池　　　　　　　　图7-63 复制制作内部树池

7.2.3 制作建筑简模

01 启用【推/拉】工具，通过推拉复制快速制作建筑楼层，如图7-65与图7-66所示。

02 选择建筑顶面，结合使用【偏移】与【推/拉】工具制作出屋顶及女儿墙细节，如图7-67所示。

03 选择拆分建筑层线，启用【直线】工具绘制窗户线，如图7-68与图7-69所示。

图 7-64　树池与座凳制作完成效果

图 7-65　推拉出建筑一层高度

图 7-66　推拉制作其他楼层

图 7-67　制作屋顶及女儿墙

图 7-68　拆分建筑层线

图 7-69　绘制窗户线

04 赋予外侧地面草地材质，完成步行主道、建筑等模型的创建，如图 7-70 与图 7-71 所示。

图 7-70　赋予外侧地面草地材质

图 7-71　步行主道、建筑等模型完成效果

7.3 创建广场、码头和亲水木平台

7.3.1 制作广场外围建筑

01 参考图纸，结合使用【圆弧】与【直线】工具快速绘制右侧弧形面，如图 7-72~图 7-74 所示。

02 使用【偏移】工具分割出广场外围建筑整体弧形平面，如图 7-75 所示。

03 参考图纸，使用【直线】工具分割建筑细节平面，如图 7-76 与图 7-77 所示。

图 7-72　参考图纸创建圆弧

图 7-73　绘制右侧弧形面

图 7-74　绘制细节平面

图 7-75　分割外围建筑平面

图 7-76　分割建筑细节平面

图 7-77　建筑平面分割完成

04 通过【推/拉】工具与线条的调整，制作建筑斜面轮廓，如图 7-78 和图 7-79 所示。

图 7-78　推拉出建筑轮廓

图 7-79　调整边线形成斜面

图 7-80　曲面偏移复制

05 结合使用【曲面偏移复制】与【超级推拉】插件工具，制作弧形建筑屋顶细节，如图 7-80～图 7-81 所示。

06 通过直线的移动复制，分割建筑楼层，如图 7-82 所示，接下来制作阳光棚与窗户。

07 选择分割弧形，使用【偏移】与【直线】工具制作阳光棚平面，然后创建为组，如图 7-83 和图 7-84 所示。

图 7-81　超级推拉制作女儿墙

图 7-82　分割建筑楼层

图 7-83　偏移复制制作阳光棚边线

08 炸开外侧弧形，捕捉端点使用【直线】工具进行分割，如图 7-85 所示。

图 7-84　将阳光棚封面并创建为组　　　图 7-85　分割阳光棚　　　图 7-86　偏移制作阳光棚框架

09 选择分割平面，结合使用【偏移】与【推/拉】工具制作阳光棚框架细节，如图 7-86 与图 7-87 所示。

10 选择下部墙面，通过【超级推拉】与【直线】工具分割窗框平面，如图 7-88 与图 7-89 所示。

图 7-87　推拉出框架厚度　　　图 7-88　向内推拉墙面　　　图 7-89　分割窗框平面

11 结合使用【曲面偏移复制】与【超级推拉】制作窗框细节，如图 7-90 所示。

12 打开【材料】面板，为建筑与屋面赋予对应材质，如图 7-91 所示。

图 7-90　制作窗框细节　　　图 7-91　赋予建筑材质　　　图 7-92　指定框架金属材质

13 为阳光棚与窗户框架指定金属铝材质，如图 7-92 所示，为窗户玻璃指定半透明玻璃材质，如图 7-93 所示。

图 7-93　赋予玻璃材质　　　图 7-94　左侧主体建筑完成效果　　　图 7-95　制作广场外围其他建筑

14 左侧主体建筑创建完成，如图 7-94 所示。通过类似方法制作广场外围其他建筑，如图 7-95 所示。

7.3.2 制作入口广场与休闲广场

01 参考图纸，结合使用【直线】与【圆弧】工具绘制入口广场及两侧弧形平面，如图 7-96 与图 7-97 所示。

图 7-96 绘制入口广场及两侧平面

图 7-97 绘制的平面效果

02 使用【推/拉】工具向上推拉绘制平面 1500mm 的高度，如图 7-98 所示。

03 参考图纸，使用【直线】工具对入口广场平面进行分割，如图 7-99 所示。

图 7-98 向上推拉平面

图 7-99 分割广场入口平面

图 7-100 拆分台阶边线

04 选择外侧台阶边线，通过拆分、【偏移】及【推/拉】等方法，创建入口广场台阶，如图 7-100 与图 7-101 所示。

05 选择之前创建好的外围建筑，通过【移动】工具调整高度，如图 7-102 所示。

06 选择休闲广场所在的平面，使用【推/拉】工具向下推拉 2400mm 的深度，如图 7-103 所示。

图 7-101 推拉出入口台阶

图 7-102 调整外围建筑高度

图 7-103 下推休闲广场平面

07 参考图纸，使用同样的方法制作入口广场与休闲广场连接的台阶，如图 7-104 与图 7-105 所示。

08 参考图纸，分割休闲广场次入口平面，使用【推/拉】工具调整高度，如图 7-106 与图 7-107 所示。

09 参考两侧已经制作好的台阶，结合使用【偏移】与【推/拉】工具制作次入口内侧台阶，如图 7-108~图 7-110 所示。

图 7-104 制作连接处台阶

图 7-105 制作两侧弧形台阶

图 7-106 分割次入口平面

图 7-107 推拉次入口平面高度

图 7-108 偏移分割台阶面

图 7-109 推拉制作次入口内侧台阶

10 通过类似方式制作次入口外侧台阶，如图 7-111 所示。

图 7-110 次入口内部台阶完成效果

图 7-111 次入口外侧台阶完成效果

图 7-112 入口浮雕效果 1

11 结合使用【偏移】与【推/拉】工具，制作入口浮雕模型并赋予浮雕材质贴图，如图 7-112 与图 7-113 所示。

12 结合使用【矩形】、【推/拉】、【直线】工具及【拆分】菜单命令，制作超市入口大门细节，如图 7-114 与图 7-115 所示。

图 7-113 入口浮雕效果 2

图 7-114 分割超市入口大门平面

图 7-115 制作超市入口大门细节

13 结合使用【偏移】与【推/拉】等工具，制作休闲广场栏杆细节，如图 7-116 与图 7-117 所示。

14 参考图纸，复制入口广场处的树池与树池座凳，如图 7-118 与图 7-119 所示。

15 选择参考图纸，将其向上调整，以方便察看，使用【圆弧】工具分割下沉广场平面，如图 7-120 与图 7-121 所示。

图 7-116　偏移复制形成栏杆平面

图 7-117　栏杆完成效果

图 7-118　参考图纸复制树池与座凳

图 7-119　树池与座凳完成效果

图 7-120　整体向上调整参考图纸

图 7-121　绘制下沉广场平面

16 参考图纸，使用【圆弧】工具分割弧形台阶平面，然后整体向下推拉 3000mm，如图 7-122 与图 7-123 所示。

17 选择台阶边线进行拆分，参考图纸绘制台阶分割线，如图 7-124 与图 7-125 所示。

图 7-122　下沉广场平面绘制完成效果

图 7-123　向下推拉下沉广场平面

图 7-124　拆分台阶边线

18 台阶面分割完成后，赋予不同石材，然后使用【推/拉】工具制作台阶踏步，如图 7-126~图 7-128 所示。

19 结合使用【推/拉】以及【偏移】等工具，制作台阶区域花坛与外侧花坛模型，如图 7-129~图 7-132 所示。

20 参考图纸，通过相同方法制作左侧花坛，如图 7-133 所示。

图 7-125　绘制台阶分割线

图 7-126　分割线绘制完成效果

图 7-127　推拉生成台阶踏步

图 7-128　广场台阶完成效果

图 7-129　推拉制作花坛模型

图 7-130　花坛模型完成效果

图 7-131　制作边侧花坛模型

图 7-132　边侧花坛完成效果

图 7-133　制作左侧花坛

21 参考图纸，分割休闲广场铺地细节与花坛平面，然后结合使用【推/拉】以及【偏移】制作相关造型，如图 7-134 与图 7-135 所示。

图 7-134　分割休闲广场铺地与
　　　　　花坛

图 7-135　休闲广场铺地与花坛完成效果

图 7-136　旋转复制花坛与分割线

22 选择创建的花坛与分割线，参考图纸进行多重旋转复制，如图 7-136 与图 7-137 所示。

23 打开【材料】面板，为休闲广场分割铺地对应赋予石材并调整贴图大小和方向，如图7-138与图7-139所示。

图7-137 花坛与分割线复制完成效果　　图7-138 赋予分割地面石材1　　图7-139 赋予分割地面石材2并调整贴图

24 参考图纸，选择之前创建好的树池与树池座凳，复制得到休闲广场右侧的树池阵列，如图7-140与图7-141所示。

图7-140 复制树池与树池座凳　　　　图7-141 树池阵列完成效果　　　　图7-142 复制制作边沿树池

25 参考图纸，选择之前创建的树池，将其沿休闲广场边沿弧形排列，如图7-142与图7-143所示。

26 至此，入口广场与休闲广场创建完成，当前模型效果如图7-144所示。

图7-143 排列边沿树池　　　　　　　图7-144 入口广场与休闲广场完成效果

7.3.3 制作下沉广场与亲水木平台

01 参考图纸，使用【圆弧】工具分割下沉广场，为其赋予相应石材。然后通过【组件】面板合并拉膜造型，如图7-145与图7-146所示。

图 7-145　分割下沉广场平面

图 7-146　合并拉膜模型

02 参考图纸，结合使用【推/拉】与【偏移】工具调整花坛细节，如图 7-147 与图 7-148 所示。

图 7-147　偏移花坛轮廓

图 7-148　制作花坛细节

03 参考图纸，使用【偏移】与【推/拉】工具制作下沉广场外侧平面与高差，如图 7-149 与图 7-150 所示。

图 7-149　绘制下沉广场外侧弧形平面

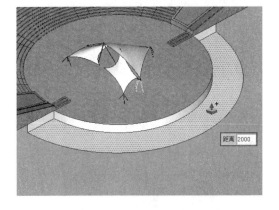

图 7-150　向下推拉 2000mm

04 参考图纸，使用【偏移】工具分割出外部过道，使用【直线】工具分割台阶与花坛平面，如图 7-151 与图 7-152 所示。

05 参考之前介绍的方法制作该处的台阶与花坛细节，如图 7-153 与图 7-154 所示。

图 7-151　偏移出外部过道平面

图 7-152　分割台阶与花坛平面

200mm

图 7-153　制作台阶模型

图 7-154　制作花坛模型

06　选择外侧过道平面，使用【推/拉】工具拉出高度，完成下沉广场的制作，如图 7-155 与图 7-156 所示。接下来制作亲水木平台。

2000mm

图 7-155　拉伸出过道高度

图 7-156　下沉广场完成效果

07　参考图纸，结合【圆弧】、【直线】等工具创建亲水木平台平面，如图 7-157 与图 7-158 所示。

图 7-157　绘制亲水木平台轮廓

图 7-158　亲水木平台平面绘制完成效果

08 使用之前类似的方法，制作亲水木平台台阶与平台细节，如图 7-159 与图 7-160 所示。

图 7-159　制作亲水木平台台阶造型

图 7-160　创建左侧弧形亲水平台效果

09 结合使用【直线】、【偏移】及【推/拉】工具制作台阶扶手栏杆，如图 7-161 与图 7-162 所示。

图 7-161　创建台阶扶手栏杆模型面

图 7-162　台阶扶手栏杆完成效果

10 上部扶手栏杆制作完成效果如图 7-163 所示。通过【组件】面板合并木平台上的栏杆并进行复制，与图 7-164 所示。

图 7-163　扶手与栏杆完成效果

图 7-164　合并并复制栏杆模型

11 参考图纸，结合使用【圆弧】、【直线】工具创建右侧弧形亲水木平台细分面，如图 7-165 与图 7-166 所示。

图 7-165　绘制右侧弧形亲水平台平面

图 7-166　分割弧形平面

12 通过之前类似的方法制作台阶与平台，如图 7-167 所示。

图 7-167　推拉平面制作台阶与平台

图 7-168　绘制直形亲水木平台平面

13 参考图纸，使用【直线】工具绘制中部直形亲水木平台平面，然后制作台阶和平台，并复制栏杆，如图 7-168~图 7-170 所示。

图 7-169　制作楼梯与平台

图 7-170　制作扶手及栏杆

14 经过以上步骤的创建，本例模型当前效果如图 7-171 所示，接下来制作水面细节。

图 7-171 下沉广场与亲水木平台完成效果

7.3.4 制作水面细节

01 参考图纸，使用【矩形】工具创建水面，使用【推/拉】工具制作水面高度，如图 7-172 和图 7-173 所示。

图 7-172 参考图纸创建海平面

图 7-173 拉伸水面高度

02 参考图纸，结合使用【圆弧】与【直线】工具创建堤岸平面，使用【推/拉】工具制作高度，如图 7-174 与图 7-175 所示。

图 7-174 绘制堤岸平面

图 7-175 拉伸堤岸高度

图 7-176 绘制水中雕塑路径

03 参考图纸，结合使用【圆弧】、【直线】及【路径跟随】工具制作水中雕塑，如图 7-176 与图 7-177 所示。

04 选择创建的水中雕塑，参考图纸进行复制与调整，如图 7-178 与图 7-179 所示。

图 7-177　路径跟随制作雕塑模型　　　　　图 7-178　移动复制水中雕塑　　　　　图 7-179　旋转调整雕塑模型方向

05 参考图纸，结合使用【圆】、【推/拉】及【偏移】工具制作水中喷泉模型，如图 7-180 与图 7-181 所示。

图 7-180　绘制圆　　　　　图 7-181　推拉创建水中喷泉模型　　　　　图 7-182　复制水中喷泉模型

06 选择创建的水中喷泉，参考图纸进行复制与调整，最后赋予水面池水材质，如图 7-182 与图 7-183 所示。

07 经过以上步骤，当前水面模型创建效果如图 7-184 所示。

图 7-183　赋予水纹材质　　　　　　　　　图 7-184　水面模型完成效果

7.4 完成最终模型细节

7.4.1 完成外围道路

01 参考图纸，结合使用【直线】、【圆弧】、【偏移】及【推/拉】工具，制作外围路面与路沿模型，如图 7-185 与图 7-186 所示。

图 7-185　绘制外围路面

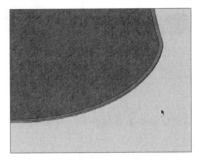

图 7-186　偏移并推拉制作路沿

02 赋予路面混凝土材质，如图 7-187 所示。此时模型效果如图 7-188 所示，接下来添加配景。

图 7-187　赋予路面混凝土材质

图 7-188　外围路面模型完成效果

7.4.2 添加配景

01 通过【组件】面板合并"景观塔"模型，参考图纸进行复制，如图 7-189 与图 7-190 所示。

图 7-189　添加"景观塔"模型组件

图 7-190　复制"景观塔"模型

02 通过【组件】面板合并"艺术灯柱"模型，参考图纸进行放置与复制，如图 7-191 与图 7-192 所示。

图 7-191 添加"艺术灯柱"模型　　　　　　　　　　图 7-192 复制"艺术灯柱"模型

03 选择创建的"水中雕塑"模型，参考图纸复制至休闲广场内，然后进行复制与调整，如图 7-193 与图 7-194 所示。

04 通过【组件】面板合并"喷水"模型并进行复制，如图 7-195 与图 7-196 所示。接下来添加绿化与人物。

图 7-193 参考图纸复制"水中雕塑"　　图 7-194 调整雕塑造型大小和方向　　图 7-195 合并"喷水"模型

7.4.3 添加绿化以及人物

01 为了便于制作阴影，需要隐藏树木以及人物，打开【标记】面板，新建"绿化"标记并置为当前，如图 7-197 所示。

图 7-196 复制"喷水"模型　　　图 7-197 新建绿化标记并置为当前　　　图 7-198 合并树木组件 1

02 打开【组件】面板，调入各类树木组件，如图 7-198 与图 7-199 所示。

图 7-199　合并树木组件 2

图 7-200　在树池位置复制树木

03 通过复制合并的树木组件，逐步制作场景中各主要景观节点的绿化效果，如图 7-200~图 7-206 所示。

图 7-201　布置步行主道入口树木

图 7-202　布置广场入口树木

图 7-203　布置休闲广场树池阵列

图 7-204　树木整体完成效果

图 7-205　复制行道树

图 7-206　行道树布置完成效果

04 树木布置完成后，打开【组件】面板合并灌木组件，完成各主要节点的灌木效果，如图 7-207~图 7-210 所示。

图 7-207　布置步行主道两侧灌木

图 7-208　布置休闲广场灌木 1

图 7-209　布置休闲广场灌木 2

图 7-210　布置下沉广场灌木

05 合并休闲椅模型组件及人物，并根据其特点合并人物模型组件，如图 7-211 和图 7-212 所示。

图 7-211　合并"休闲椅"模型

图 7-212　合并人物模型

06 经过上述操作，场景各主要景观节点与整体鸟瞰效果如图 7-213~图 7-219 所示。接下来开始场景漫游动画的制作。

图 7-213　步行主道入口景观节点效果

图 7-214　步行主道景观节点效果

图 7-215　休闲广场景观节点效果

图 7-216　下沉广场景观节点效果

图 7-217　水木平台节点效果

图 7-218　水面人视效果

图 7-219　整体鸟瞰效果

7.5 制作场景漫游动画

7.5.1 处理场景并添加阴影

01 为了使漫游时场景更为开阔，首先使用【推/拉】工具延伸地面与水面，如图 7-220～图 7-222 所示。

图 7-220　延伸地面

图 7-221　延伸水面

02 进入【标记】面板，关闭"绿化"标记的显示，然后快速调整出阴影效果，如图 7-223 与图 7-224 所示。

图 7-222　场景延伸完成效果

图 7-223　隐藏绿化

图 7-224　阴影调整效果

03 新建【虚化建筑】标记，并制作各延伸区域的建筑简模，如图 7-225 与图 7-226 所示。

图 7-225　新建【虚化建筑】标记

图 7-226　添加配景建筑

04 通过【组件】面板在水面合并一些船舶模型，完成场景动画场景的布置，如图 7-227 与图 7-228 所示。

05 将该场景保存为"场景动画原始.skp"文件，接下来正式制作场景动画。

图 7-227　合并船舶模型

图 7-228　动画场景完成效果

7.5.2 制作场景动画

1. 鸟瞰镜头

`01` 打开"第07章|场景动画原始.skp"文件，并将其另存为"鸟瞰镜头.skp"模型文件。

`02` 通过视图【平移】与【旋转】等操作，确定鸟瞰镜头起始位置，然后新建对应名称的"鸟瞰起始"场景进行保存，如图7-229所示。

图7-229 鸟瞰镜头起始位置

图7-230 单击启动漫游工具

`03` 启用【漫游】工具，并按住鼠标左键向前推动，产生向前行进的效果，如图7-230与图7-231所示。

`04` 等画面行进至步行主道未端时松开鼠标，新建"鸟瞰结束"场景进行保存，如图7-232所示。至此，鸟瞰场景动画创建完成。

图7-231 推动鼠标向前漫游

图7-232 鸟瞰镜头结束位置

2. 入口镜头

`01` 打开"第07章|场景动画原始.skp"文件，并将其另存为"入口镜头"模型文件。

`02` 通过视图【平移】与【旋转】等操作确定入口镜头起始位置，然后新建对应名称的"入口起始"场景进行保存，如图7-233所示。

`03` 启用【漫游】工具，并按住鼠标左键向前推动，行进至入口处时创建"入口转弯"场景进行保存，如图7-234所示。

`04` 启用【漫游】工具，按住 Alt 键同时按住鼠标左键向内推动进行左转，行进至步行主道时创建"步行主通道场景"进行保存，如图7-235所示。

`05` 启用【漫游】工具并按住鼠标左键向前推动，直到拉膜顶部时松开鼠标，创建"海面结束"场景进行保存，如图7-236所示。至此，入口镜头场景动画创建完成。

图 7-233　创建"入口起始"场景

图 7-234　创建"入口转弯"场景

图 7-235　创建"步行主通道"场景

图 7-236　创建"水面结束"场景

3. 水面镜头

01　打开"第 07 章|场景动画原始"文件,并将其另存为"水面镜头.skp"模型文件。

02　通过视图【平移】与【旋转】等操作确定水面镜头起始位置,然后新建对应名称的"水面开始.skp"场景进行保存,如图 7-237 所示。

03　启用【漫游】工具并按住鼠标左键向前推动,行进至码头处时创建"水面结束"场景进行保存,如图 7-238 所示。至此,水面镜头场景动画创建完成。

图 7-237　创建"水面开始.skp"场景

图 7-238　创建"水面结束"场景

4. 上岸镜头

01　打开"第 07 章|场景动画原始"文件,并将其另存为"上岸镜头.skp"模型文件。

02　通过视图【平移】与【旋转】等操作确定上岸镜头起始位置,然后新建对应名称的"上岸开始"场景进行保存，如图 7-239 所示。

03 启用【漫游】工具，并按住鼠标左键向前推动，行进至台阶处时创建"上升"场景进行保存，如图 7-240 所示。

图 7-239 创建"上岸开始"场景

图 7-240 创建"上升"场景

04 启用【漫游】工具，按住 Shift 键同时按住鼠标左键向前推动进行画面的抬升，进入下沉广场时创建"广场位置"场景进行保存，如图 7-241 所示。

05 启用【漫游】工具，并按住鼠标左键向前推动，行进至台阶处时创建"旋转点"场景进行保存，如图 7-242 所示。

图 7-241 创建"广场位置"场景

图 7-242 创建"旋转点"场景

06 启用【漫游】工具，按住 Ctrl 键同时按住鼠标左键向右推动进行画面的旋转，在旋转了一定的角度后即创建场景进行保存，如图 7-243~图 7-245 所示。

图 7-243 创建旋转角度 1 场景

图 7-244 创建旋转角度 2 场景

07 旋转回接近于起始位置时，创建"旋转结束"场景进行保存，如图 7-246 所示。至此，"上岸镜头"场景动画创建完成。

08 接下来进行场景动画的输出。

图 7-245　创建旋转角度 3 场景

图 7-246　创建旋转完成场景

7.5.3 输出场景动画

01 进入【模型信息】面板，选择【动画】选项卡，调整"场景转换"参数如图 7-247 所示。

02 执行【文件】/【导出】/【动画】/【视频】菜单命令，打开【输出动画】面板，如图 7-248 所示。

图 7-247　设置【动画】选项卡参数

图 7-248　执行【导出】菜单命令

03 单击【输出动画】对话框右下角的【选项】按钮，在弹出的【动画导出选项】对话框中设置"分辨率"与"帧速率"，并取消"循环至开始场景"复选框的勾选，如图 7-249 所示。

04 在【输出动画】面板中设置导出保存路径与文件名，单击【导出】按钮即可进行动画的导出，如图 7-250所示。

图 7-249　设置选项参数

图 7-250　确认进行导出

05 动画导出完成后，通过外部播放器即可进行观看，如图 7-251~图 7-253 所示。

图 7-251　鸟瞰漫游画面 1

图 7-252　鸟瞰漫游画面 2

图 7-253　鸟瞰漫游画面 3

06 重复类似操作导出其他场景动画效果，如图 7-254~图 7-262 所示。

图 7-254　入口漫游画面 1

图 7-255　入口漫游画面 2

图 7-256　入口漫游画面 3

图 7-257　水面漫游画面 1

图 7-258　水面漫游画面 2

图 7-259　水面漫游画面 3

图 7-260　上岸漫游画面 1

图 7-261 上岸漫游画面 2

图 7-262　上岸漫游画面 3

第 8 章

公共绿地景观

公共绿地作为城市中的一种特殊的生态系统，一方面能调节与改善城市气候，净化空气，降低噪声，为城市居民提供良好的生活环境，另一方面能增强城市景观的自然性，促进城市居民与自然的和谐共生。

本章将学习使用 SketchUp 创建公共绿地景观的方法，该绿地景观由景观大道、涌泉广场、舞台、水系和亲水栈台、湖岛等部分组成，具有娱乐、休闲、运动、文化交流等多种功能，完成效果如图 8-1~图 8-8 所示。

图 8-1　公共绿地景观鸟瞰效果

图 8-2　景观大道与涌泉广场

图 8-3　涌泉广场与演绎舞台

图 8-4　亲水木栈台

图 8-5　湖岛角度 1

图 8-6　湖岛角度 2

图 8-7　文化演绎广场

图 8-8　入口广场

8.1 导入 SketchUp 并分析建模思路

为了快速创建景观模型，本节将导入 JPG 位图作为参考底图，如图 8-9 所示。

8.1.1 导入参考图片至 SketchUp

[01] 打开 SketchUp 软件，执行【窗口】/【模型信息】命令，打开【模型信息】面板，设置单位为毫米。

[02] 执行【文件】/【导入】菜单命令，打开【导入】面板，如图 8-10 所示。

图 8-9 绿地景观参考底图　　　　　　　　　　　图 8-10 执行【导入】菜单命令

[03] 在【导入】面板中设置【文件类型】为"所有支持的图像类型"，选择配套资源"第 08 章|参考图纸|某公共绿地平面图"，以"图像"方式导入，如图 8-11 所示。

[04] 导入图片至 SketchUp 后，将其左下角点与原点对齐，如图 8-12 所示。

图 8-11 设置导入参数　　　　　　　　　　　图 8-12 对齐图纸至原点

[05] 为了能够创建出尺寸准确的模型，在导入位图后，首先寻找位图中尺寸标准的对象，然后以该对象为基准，对图片进行缩放。本节选择网球场作为参考对象，如图 8-13 所示。

[06] 启用【卷尺】距离工具，测量网球场外场的宽度，输入标准长度 18300mm，如图 8-14 所示。

图 8-13　标准网球场尺寸

图 8-14　测量并输入宽度数值

07 按 Enter 键确认，在弹出的对话框中单击【是】按钮，确认重置。通过对比人物模型，可以发现当前的尺寸已经比较准确，如图 8-15 与图 8-16 所示。

图 8-15　确认重置图纸尺寸

图 8-16　通过人物对比确认尺寸

8.1.2 分析建模思路

公共绿地景观方案元素众多，内容繁杂，但经过仔细分析不难发现，该公共绿地景观主要由广场、水系及相关项目、道路及相关项目几个部分组成，在创建模型时，可以按照上述顺序分别进行创建，如图 8-17~图 8-24 所示。

图 8-17　公共绿地主要景观

图 8-18　创建广场景观

图 8-19　水系分布

图 8-20　创建水系

图 8-21　水系及两岸景观元素

图 8-22　创建水系两岸景观元素

图 8-23　道路及周边建筑

图 8-24　创建主道与周边建筑

　　完成以上景观主体创建后，再根据场景特点布置绿化与人物等配景，即可完成公共绿地景观方案的制作。接下来首先创建外部公路以及左下角的景观大道与涌泉广场。

8.2 创建公路、景观大道及涌泉广场

8.2.1 创建外部公路

01 参考图纸，启用【直线】工具，绘制整个公共绿地范围外轮廓平面，如图8-25与图8-26所示。

图 8-25　绘制外轮廓线

图 8-26　轮廓平面创建完成效果

02 外轮廓平面绘制完成后，启用【圆弧】工具绘制转角细节，如图8-27所示。

03 参考图纸，结合使用【直线】与【圆弧】工具分割出外部公路模型面，如图8-28与图8-29所示。

图 8-27　绘制弧形转角

图 8-28　快速分割公路平面

图 8-29　公路平面分割完成效果

04 选择分割的外部公路模型面，单独创建为【组】，如图8-30所示。使用直线划分道路中线，如图8-31所示。打开【材料】面板，为其制作并赋予路面纹理材质，如图8-32所示。

图 8-30　创建公路平面组

图 8-31　绘制公路中线

图 8-32　赋予路面纹理材质

05 根据道路走向，调整纹理的方向，如图 8-33 所示，使车道分隔线走向与道路方向保持一致。在道路交叉口位置分割路面，如图 8-34 所示，再单独调整交叉道路的纹理方向，如图 8-35 所示。

图 8-33　调整纹理方向和重复

图 8-34　分割交叉口路面

06 公共绿地外部道路创建完成效果如图 8-36 所示。

07 外部公路创建完成后，暂时将其隐藏，以方便下面景观大道与涌泉广场的制作。

图 8-35　调整交叉道路纹理

图 8-36　外部公路完成效果

8.2.2 创建景观大道及涌泉广场

01 参考图纸，使用【直线】工具快速分割出景观大道平面，如图 8-37 与图 8-38 所示。

02 参考图纸，使用【圆】工具快速分割出涌泉广场平面，如图 8-39 所示。

图 8-37　分割景观大道平面

图 8-38　分割完成效果

图 8-39　分割涌泉广场平面

03 参考图纸，结合使用【圆弧】及【直线】等工具，分割出铺地区域平面，如图 8-40 与图 8-41 所示。

图 8-40 分割景观大道铺地区域

图 8-41 铺地区域分割完成效果

04 参考图纸，结合使用【手绘线】及【圆弧】等工具，快速分割出景观大道右侧的水系平面，如图 8-42 与图 8-43 所示。

图 8-42 分割景观大道水系平面

图 8-43 水系平面分割完成效果

05 参考图纸，使用【直线】工具分割铺地细节，如图 8-44 与图 8-45 所示。

图 8-44 分割铺地细节

图 8-45 铺地细节分割完成效果

06 选择上述步骤中分割的细节平面,启用【超级推拉】工具整体向上拉出 200mm 的高度,如图 8-46 所示。

07 打开【材料】面板,分别为分割平面赋予对应石材,如图 8-47~图 8-49 所示。

图 8-46　整体拉伸 200mm 的高度　　　图 8-47　赋予景观大道主道铺地材质　　　图 8-48　赋予铺地对应材质

08 参考图纸,启用【矩形】工具绘制树池平面,如图 8-50 所示。

09 执行【窗口】/【组件】菜单命令,打开【组件】面板,选择合并"树池座凳.skp"模型组件,如图 8-51 与图 8-52 所示。

10 使用【移动】工具对齐"树池座凳"位置,通过【旋转】工具调整朝向,如图 8-53 与图 8-54 所示。

图 8-49　景观大道铺地完成效果　　　图 8-50　绘制树池平面　　　图 8-51　执行【窗口】/【组件】命令

图 8-52　合并树池座凳模型　　　图 8-53　对齐模型与树池平面　　　图 8-54　旋转调整树池朝向

11 参考图纸,复制"树池座凳"组件并调整至合适的大小,如图 8-55 与图 8-56 所示。

12 景观大道所有"树池座凳"复制并调整完成后,将其整体创建为组,如图 8-57 与图 8-58 所示。接下来制作涌泉广场。

图 8-55　复制树池座凳

图 8-56　调整树池大小

图 8-57　树池座凳布置完成效果

13　首先为内部圆形制作并赋予地花石材，如图 8-59 所示。调整纹理大小，如图 8-60 所示。

图 8-58　创建树池组

图 8-59　赋予地花材质

14　参考图纸，启用【直线】工具绘制一条直径分割线，如图 8-61 与图 8-62 所示。

图 8-60　调整地花纹理大小

图 8-61　绘制分割线

图 8-62　绘制完成的直径分割线

15　选择直径分割线，启用【旋转】工具，以 45 度为间隔进行多重旋转复制，如图 8-63 与图 8-64 所示。

16　单独选择外部圆环内的线段，以 22.5 度为间隔进行多重旋转复制，完成涌泉广场的分割，如图 8-65 与图 8-66 所示。

17　分割完成后，打开【材料】面板，制作并赋予外部分割面石材纹理，然后调整纹理细节，如图 8-67 与图 8-68 所示。

18　外部铺地完成效果如图 8-69 所示。参考图纸，使用【直线】工具分割水系平面，如图 8-70 所示。

19　选择中心环形分割面，使用【推/拉】工具制作出 1200mm 的深度，然后选择底面向上复制出水面并赋予对应材质，如图 8-71 与图 8-72 所示。

20　参考图纸，使用【直线】工具绘制景墙平面，如图 8-73 所示。结合【推/拉】、【卷尺】及【直线】工具，创建景墙面初步分割，如图 8-74 所示。

图 8-63　旋转复制分割线

图 8-64　多重旋转复制分割线

图 8-65　旋转复制外部分隔线

图 8-66　涌泉广场分割完成效果

图 8-67　赋予外部分割面石材纹理

图 8-68　调整纹理细节

图 8-69　广场外部铺地完成效果

图 8-70　绘制水系平面

图 8-71　制作弧形水槽效果

图 8-72　向上复制出水面并赋予材质

图 8-73　创建雕塑景墙平面

图 8-74　推拉并分割景墙平面

21 结合使用【偏移】与【推/拉】工具，制作景墙造型，如图 8-75 与图 8-76 所示。

22 打开【材料】面板，为景墙模型赋予"原色樱桃木"材质，使用"多重旋转复制"制作整体造型，如

图 8-77 与图 8-78 所示。

23 重复之前的类似操作，制作尾部小广场，最终完成景观大道与涌泉广场模型制作，如图 8-79 与图 8-80 所示。接下来创建文化演绎广场。

图 8-75 偏移复制制作轮廓

图 8-76 推拉完成造型

图 8-77 赋予原色樱桃木材质

图 8-78 多重旋转复制景墙

图 8-79 制作尾部小广场

图 8-80 景观大道及涌泉广场完成效果

8.3 创建文化演绎广场

01 参考图纸，使用【圆】工具绘制广场平面，使用【偏移】工具复制分割细节，如图 8-81 与图 8-82 所示。

图 8-81 绘制演绎广场圆平面

图 8-82 偏移复制轮廓线

02 参考图纸，启用【圆弧】工具绘制弧形通道分割线，如图 8-83 所示。

03 参考图纸，使用【直线】工具分割广场铺地细节，如图 8-84 与图 8-85 所示。

04 结合使用【圆弧】、【直线】及【偏移】工具，绘制外侧锦鲤池平面，如图8-86与图8-87所示。

图8-83 绘制弧形通道分割线

图8-84 分割广场铺地细节

图8-85 分割完成效果

图8-86 绘制锦鲤池平面

05 打开【材料】面板，为广场入口处的弧形平面制作并赋予拼花纹理材质，然后调整纹理细节，如图8-88~图8-90所示。

图8-87 制作锦鲤池细节

图8-88 赋予入口平面拼花材质

图8-89 调整铺地纹理效果

06 使用同样的方法，制作其他区域的材质，完成文化演绎广场铺地制作，如图8-91与图8-92所示。接下来制作中心处圆形喷水池细节。

07 赋予外部圆形平面地花纹理材质，并调整材质细节，如图8-93与图8-94所示。

08 结合使用【偏移】与【推/拉】工具制作外沿细节，如图8-95所示。

图 8-90 入口铺地完成效果

图 8-91 指定其他区域材质

图 8-92 广场铺地完成效果

图 8-93 赋予圆形喷水池地花纹理

图 8-94 调整地花纹理大小

图 8-95 制作喷水池外沿细节

09 结合使用【矩形】及【移动】工具，绘制喷水柱平面，如图 8-96 与图 8-97 所示。

图 8-96 绘制喷水柱平面

图 8-97 复制喷水柱平面

图 8-98 推拉出池底与喷水柱

10 使用【推/拉】工具制作喷水柱与池底造型，并赋予相应的材质，如图 8-98 与图 8-99 所示。

11 移动复制出喷水池水面，并赋予池水材质，如图 8-100 所示。

图 8-99 赋予喷水柱材质

图 8-100 向上移动复制水面并赋予材质

12 通过类似方法，制作锦鲤池池底与水面细节，如图 8-101 与图 8-102 所示。接下来制作水幕效果。

13 首先结合【偏移】及【推/拉】工具制作水幕梯层，然后调整线段高度，制作出斜坡效果，如图 8-103 与图 8-104 所示。

图 8-101　赋予锦鲤池底沙石材质

图 8-102　制作锦鲤池水面细节

14 选择斜坡平面，以 50mm 的距离向上进行"移动复制"，赋予池水材质，制作出上部的水幕效果，如图 8-105 与图 8-106 所示。

图 8-103　制作水幕梯形

图 8-104　调整线段形成斜坡

图 8-105　向上复制出水面

15 水幕制作完成后，通过【组件】面板调入"石桥"模型组件，调整位置与造型，如图 8-107 与图 8-108 所示。

16 参考图纸，复制石桥模型完成整体效果，如图 8-109 与图 8-110 所示。接下来制作水幕中间喷水柱模型。

图 8-106　赋予水面材质

图 8-107　合并石桥模型组件

图 8-108　对齐石桥并调整造型

17 参考图纸，结合使用【矩形】与"推拉复制"工具制作喷水柱轮廓，如图 8-111 与图 8-112 所示。

18 启用【推/拉】工具，制作上部层次细节，赋予石材纹理材质，如图 8-113 与图 8-114 所示。

图 8-109　复制石桥模型

图 8-110　石桥模型完成效果

图 8-111　绘制喷水柱平面

图 8-112　推拉出喷水柱轮廓

图 8-113　制作喷水柱细节

图 8-114　赋予喷水柱材质

19 通过【组件】面板调入"狮嘴喷水"模型组件，通过复制，制作喷水柱整体效果，如图 8-115~图 8-117 所示。

图 8-115　合并"狮嘴喷水"模型

图 8-116　对齐并复制"狮嘴喷水"模型

图 8-117　喷水柱模型完成效果

20 选择创建完成的喷水柱，参考图纸进行"旋转复制"，最终完成文化演绎广场效果的创建，如图 8-118 与图 8-119 所示。接下来创建入口广场。

图 8-118　参考图纸复制喷水柱模型

图 8-119　文化演绎广场完成效果

8.4 创建入口广场

01 参考图纸，使用【圆弧】工具绘制入口平台平面，如图 8-120~图 8-122 所示。

图 8-120　绘制入口平台平面　　　　　　　　　　　图 8-121　绘制入口平台细节

02 打开【材料】面板，为细分割平面赋予不同石材，完成入口平台的创建，如图 8-123 与图 8-124 所示。

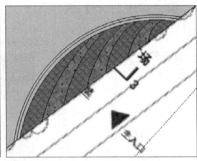

图 8-122　入口平台平面绘制完成效果　　　图 8-123　赋予分割面材质　　　图 8-124　入口平台模型完成效果

03 参考图纸，结合使用【圆弧】与【直线】工具绘制入口广场平面，如图 8-125 所示。

04 打开【材料】面板，赋予广场石材铺地并调整纹理细节，如图 8-126 所示。

图 8-125　绘制入口广场平面　　　图 8-126　赋予广场铺地材质　　　图 8-127　绘制树池平面

05 参考图纸，使用【直线】工具创建入口广场树池平面，如图 8-127 所示。使用【推/拉】工具逐步制作树池细节，如图 8-128~图 8-129 所示。

图 8-128　推拉树池轮廓　　　　　图 8-129　推拉树池造型细节　　　　图 8-130　赋予树池模型材质

06 赋予树池各部分对应材质，然后参考图纸，复制得到入口广场其他位置的树池模型，如图 8-130 与图 8-131 所示。

07 进入【组件】面板，调入"竹石跌水"模型组件，然后参考图纸对齐位置并调整大小，如图 8-132 与图 8-133 所示。

图 8-131　参考图纸复制树池

图 8-132　合并"竹石跌水"模型组件

08 参考图纸，复制"竹石跌水"模型并调整其位置、大小，完成入口广场的创建，如图 8-134～图 8-136 所示。

图 8-133　对齐位置并调整模型

图 8-134　复制并调整模型

图 8-135　竹石跌水布置完成效果

图 8-136　入口广场完成效果

8.5 创建水景及周边设施

8.5.1 创建水系

01 参考图纸，结合使用【直线】及【圆弧】等工具，整体绘制水系平面，并注意水系连接处细节的处理，如图 8-137 与图 8-138 所示。

图 8-137　参考图纸绘制水系平面

图 8-138　注意水系连接细节

02 水系平面绘制完成后，将其移动复制出另一份，用于制作对应河沿，如图 8-139 与图 8-140 所示。

图 8-139　水系平面绘制完成效果

图 8-140　移动复制水系平面

03 选择水系平面创建为【组】，使用【偏移】制作浅水沙池平面，如图 8-141 与图 8-142 所示。

图 8-141　创建水系平面组

图 8-142　偏移轮廓线

04 尖角处的轮廓偏移时会产生杂乱线段，如图 8-143 所示，使用【圆弧】工具调整连接，最终效果如图 8-144 所示。

图 8-143　偏移生成的杂乱线段

图 8-144　处理杂乱线段完成效果

05 打开【材料】面板，赋予中心模型平面石材材质，使用【推/拉】工具创建池底，如图 8-145 与图 8-146 所示。

图 8-145　赋予中心模型平面石材材质

图 8-146　推拉出池底深度

06 选择池底平面，向上移动复制出水面模型，然后赋予池水材质，如图 8-147 所示。

07 通过相同方式，处理景观大道水系连接细节并制作水面效果，如图 8-148 所示。

图 8-147 向上移动复制制作水面

图 8-148 处理景观大道水系连接细节

08 打开【材料】面板，赋予浅水沙池平面鹅卵石材质，使用【推/拉】工具制作水池边缘高低细节，如图 8-149 与图 8-150 所示。

图 8-149 赋予浅水沙池平面鹅卵石材质

图 8-150 制作水池边缘细节

09 选择之前复制的水系平面，使用【偏移】工具偏移轮廓，如图 8-151 所示，对边角杂乱线段进行调整。用【推/拉】工具拉伸出 300mm 高度，并指定石材材质，如图 8-152 所示。

10 选择河沿模型，对齐水面位置，如图 8-153 所示。

图 8-151 偏移外轮廓

图 8-152 拉伸河沿高度并指定材质

图 8-153 对齐河沿与水面位置

11 重复上述操作，制作景观大道及涌泉广场处的相关细节效果，如图 8-154~图 8-156 所示。

图 8-154　复制景观大道水系平面

图 8-155　制作景观大道河沿细节

12 完成上述操作后，此时水系模型效果如图 8-157 所示，接下来创建水系两岸相关设施。

图 8-156　制作涌泉广场河沿细节

图 8-157　水系创建完成效果

8.5.2 创建儿童游乐小广场

01 参考图纸，结合使用【圆弧】及【圆】工具，分割儿童广场平面，如图 8-158 与图 8-159 所示。

图 8-158　参考图纸分割儿童广场

图 8-159　儿童广场轮廓平面完成效果

02 通过直线拆分及【圆弧】工具，制作弧形台阶平面，如图 8-160 与图 8-161 所示。

图 8-160　拆分台阶线

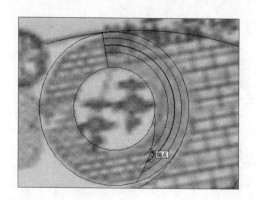

图 8-161　分割弧形台阶平面

03 使用【推/拉】工具制作弧形台阶细节，如图 8-162 所示。打开【材料】面板，调整并赋予石材材质如图 8-163 所示。

图 8-162　创建弧形台阶细节

图 8-163　赋予台阶材质

8.5.3 创建日月岛、景观天桥以及亲水木栈台

01 参考图纸，结合使用【圆弧】及【推/拉】工具制作水中汀步轮廓，启用【直线】工具分割出表面细节，如图 8-164 与图 8-165 所示。

图 8-164　绘制水中汀步平面

图 8-165　推拉并分割表面细节

02 使用【推/拉】工具制作表面缝隙及底部支撑，完成水中汀步的制作，如图 8-166 与图 8-167 所示。

图 8-166 制作汀步表面细节　　　　　　　　　　　图 8-167 制作水中汀步底部支撑

03 参考图纸，结合使用【圆弧】及【偏移】工具制作日岛平面，如图 8-168 与图 8-169 所示。

图 8-168 绘制日岛平面　　　　　　　　　　　图 8-169 偏移复制制作内部平面

04 移动复制日岛内部平面，使用【缩放】工具调整出等高线效果，如图 8-170 与图 8-171 所示。

图 8-170 复制平面创建等高线　　　　　　　　　　　图 8-171 复制并缩放调整等高线

05 删除内部模型面，仅保留线条作为等高线，然后使用【沙箱】工具栏中的【根据等高线创建】工具制作地形模型，如图 8-172 所示。

图 8-172　通过沙箱工具生成地形

图 8-173　赋予草地材质

06 赋予日岛草地材质，如图 8-173 所示，使用【移动】工具调整其位置，如图 8-174 所示。

图 8-174　日岛模型创建完成效果

图 8-175　制作月岛地形与台阶

07 通过类似方法制作该区域月岛地形与台阶，然后合并垂钓亭模型，如图 8-175~图 8-176 所示。

图 8-176　合并垂钓亭模型

图 8-177　调入并调整栏杆模型

08 最后合并栏杆模型，调整到合适大小，如图 8-177 所示。移动复制得到其他栏杆，湖岛模型制作完成，效果如图 8-178 所示。接下来制作景观天桥。

图 8-178　湖岛模型完成效果

图 8-179　创建景观天桥平面

09 参考图纸，结合使用【圆弧】及【线条】工具创建景观天桥平面，然后分割两端台阶平面，如图 8-179~图 8-181 所示。

图 8-180　拆分台阶线段

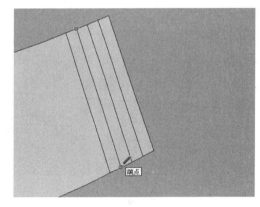

图 8-181　参考图纸分割台阶台面

10 使用【推/拉】工具制作台阶与平台细节，赋予对应石材后将其创建为组件，如图 8-182 与图 8-183 所示。

图 8-182　制作景观天桥台阶与平台

图 8-183　景观天桥完成效果

11 在天桥两侧布置栏杆模型，如图 8-184 与图 8-185 所示。接下来绘制亲水木栈台。

图 8-184　合并并调整栏杆模型组件

图 8-185　景观天桥完成效果

12 参考图纸，结合使用【圆弧】及【直线】工具创建亲水木栈台平面，使用【推/拉】工具制作台阶与平台细节，如图 8-186 与图 8-187 所示。

图 8-186　绘制亲水木栈台平面

图 8-187　制作木平台与台阶

图 8-188　台阶及木平台材质完成效果

13 打开【材料】面板，赋予台阶与平台石材与木纹材质，然后合并木制栏杆模型组件，如图 8-188 与图 8-189 所示。

14 根据平台轮廓线复制栏杆模型，完成亲水木栈台制作效果如图 8-190 所示。接下来创建水系尾部的休憩平台与演绎舞台。

图 8-189　调入并调整栏杆模型组件

图 8-190　亲水木栈台完成效果

8.5.4 创建休憩平台与演绎舞台

01 参考图纸，结合使用【圆弧】及【偏移】工具创建休憩平台平面，如图 8-191 与图 8-192 所示。

图 8-191 绘制休憩平台轮廓

图 8-192 细分休憩平台平面

02 使用【推/拉】工具，拉伸各平面创建出休憩平台效果，赋予材质后合并"木质圆椅"组件模型，如图 8-193 与图 8-194 所示。

图 8-193 休憩平台完成效果

图 8-194 合并"木质圆椅"组件模型

03 合并树木模型组件，调整其造型大小，完成休憩平台的制作，如图 8-195 与图 8-196 所示。接下来创建演绎舞台。

图 8-195 合并树木组件造型

图 8-196 休憩平台完成效果

04 参考图纸，使用【圆弧】工具分割演绎舞台及下方的旱喷广场平面，如图 8-197 与图 8-198 所示。

图 8-197　分割演绎舞台与旱喷广场平面

图 8-198　分割完成效果

05 结合使用【偏移】及【推/拉】工具，制作路沿及旱喷广场平面，如图 8-199 与图 8-200 所示。

图 8-199　偏移复制路沿平面

图 8-200　向下推出旱喷广场平面

06 参考图纸，结合使用【圆】及【推/拉】等工具，创建旱喷广场喷嘴模型并赋予金属材质，如图 8-201 与图 8-202 所示。

图 8-201　分割喷嘴平面

图 8-202　赋予喷嘴金属材质

07 移动复制喷嘴内部水面并赋予材质，将其整体创建为【组件】，设置粘合方式为"任意"，如图 8-203 与图 8-204 所示。

图 8-203　创建喷嘴组件

图 8-204　调整喷嘴组件粘接参数

08 选择喷嘴【组件】，参考图纸复制出其他喷嘴，然后赋予广场铺地石材，完成整体效果，如图 8-205 与图 8-206 所示。

图 8-205　参考图纸复制旱喷喷嘴

图 8-206　旱喷广场完成效果

09 参考图纸，结合使用【推/拉】工具制作演绎舞台层次细节，然后合并"张拉膜"模型组件，并调整其位置和方向，如图 8-207 与图 8-208 所示。

图 8-207　演绎舞台完成效果

图 8-208　合并"张拉膜"模型

10 水系尾部左右两侧的休憩平台、旱喷广场及演绎舞台创建完成后，接下来制作连接细节，首先使用【直线】工具分割池底，如图 8-209 所示。

图 8-209　分割池底

图 8-210　调整池底高度

图 8-211　调整池底斜面细节

11　使用【推/拉】工具制作池底层次，通过线段调整出池底斜面，如图 8-210 与图 8-211 所示。

12　参考图纸，结合使用【直线】、【偏移】及【推/拉】工具，创建汀步模型，如图 8-212 与图 8-213 所示。

图 8-212　绘制水中汀步平面

图 8-213　拉伸出汀步模型

图 8-214　调整右岸路沿连接细节

13　结合使用【直线】及【推/拉】工具，调整两侧河沿及浅水沙池细节，如图 8-214 与图 8-215 所示。

14　选择之前制作好的汀步，通过移动复制制作其他汀步效果，如图 8-216~图 8-218 所示。

图 8-215　调整右岸水面连接细节

图 8-216　复制汀步

图 8-217　调整汀步与路面的衔接

15　至此，水系及其两岸的相关元素创建完成，当前模型效果如图 8-219 所示，接下来创建建筑以及其他细节。

图 8-218　演绎舞台与休憩平台完成效果

图 8-219　景观模型完成效果

8.6 创建建筑以及其他细节

8.6.1 创建健身中心与网球场

01 参考图纸，使用【直线】工具分割健身中心细节平面，如图 8-220 与图 8-221 所示。

图 8-220 分割健身中心平面

图 8-221 健身中心分割完成效果

02 结合使用【推/拉】及【缩放】工具，制作健身中心楼层及屋顶细节，如图 8-222 与图 8-223 所示。

图 8-222 制作楼层

图 8-223 制作屋顶

03 健身中心轮廓制作完成后，再结合使用【偏移】及【推/拉】工具，制作大致的门窗效果即可，如图 8-224 与图 8-225 所示。

图 8-224 健身中心轮廓完成效果

图 8-225 制作健身中心门窗效果

04 参考图纸，使用【直线】分割网球场平面，如图 8-226 与图 8-227 所示。

图 8-226 分割网球场平面

图 8-227 网球场平面分割效果

05 结合使用【偏移】及【推/拉】工具制作内场白线，然后赋予球场平面蓝色材质，如图 8-228 所示。

06 结合使用【矩形】、【推/拉】等工具，制作中间球网及四周铁丝网模型，然后赋予透明材质模拟球网以及钢丝效果，如图 8-229 与图 8-230 所示。

图 8-228 制作白线并赋予内场材质

图 8-229 制作中间球网模型并指定材质

07 赋予网球场内部草坪材质，完成单个网球场创建后，参考图纸复制得到下方的网球场，如图 8-231 所示。接下来创建道路以及其他景观小品。

图 8-230 制作外围钢丝网架模型

图 8-231 复制网球场

8.6.2 创建道路与其他景观小品

01 选择中心未分割平面，创建为【组】，将之前创建的模型隐藏，以方便道路的制作，如图 8-232 与图 8-233 所示。

图 8-232　选择未分割平面

图 8-233　创建群组

02 参考图纸，使用【直线】工具快速分割出主道平面，使用【圆弧】工具处理边端细节，如图 8-234~图 8-236 所示。

图 8-234　使用直线快速分割主道平面

图 8-235　添加弧线细节

图 8-236　主道平面创建完成效果

03 使用【偏移】工具制作主道路沿平面，但为了处理好主道与周边小径的连接细节，暂不拉伸其高度，如图 8-237 所示。

04 参考图纸，结合使用【直线】及【圆弧】工具，分区域分割内部小径平面，如图 8-238~图 8-240 所示。

图 8-237　偏移复制制作路沿平面

图 8-238　快速分割小径平面

图 8-239　区域小径绘制完成效果

05 内部小径分割完成后，通过【直线】及【删除】工具处理其与主道的连接细节，如图 8-241 所示。

06 赋予分割路沿平面石材材质，并推拉出高度，然后分别赋予主道及小径对应的铺地材质，如图 8-242 与图 8-243 所示。

07 主道及小径细节制作完成后，合并"木桥"模型，根据图纸调整木桥的位置和方向，如图 8-244 与图 8-245 所示。

图 8-240　小径分割完成效果

图 8-241　调整主道与小径结合部细节

图 8-242　推拉出路沿高度

图 8-243　赋予主道以及小径对应材质

图 8-244　调入木桥模型

图 8-245　调整木桥位置和方向

08 通过之前介绍的方法，使用【沙箱】工具制作拉膜亭地形，然后合并"拉膜亭"模型，并调整其大小和位置，如图 8-246 与图 8-247 所示。

图 8-246　创建地形

图 8-247　合并"拉膜亭"模型

09 参考图纸，结合使用【直线】及【推/拉】工具制作拉膜亭汀步细节，如图 8-248 与图 8-249 所示。

图 8-248　参考图纸制作汀步

图 8-249　拉膜亭完成效果

10 参考图纸，结合使用【圆弧】等工具分割伞亭平面并创建地形线条，如图 8-250 与图 8-251 所示。

图 8-250　分割伞亭相关平面

图 8-251　创建地形线条

11 使用【沙箱】工具制作伞亭地形，然后制作汀步效果，如图 8-252 与图 8-253 所示。

图 8-252　制作地形

图 8-253　制作汀步

12 通过【组件】面板合并"伞亭"模型，并调整造型位置和大小，完成该处模型的制作，如图 8-254 所示。

13 参考图纸，合并"弧形廊架"模型组件，然后调整造型效果，如图 8-255 所示。

图 8-254　伞亭完成效果

图 8-255　合并"弧形廊架"模型

14 打开【材料】面板，赋予其他地面草地材质，如图 8-256 所示。至此，景观模型及建筑等细节创建完成，如图 8-257 所示。接下来添加绿化等细节。

图 8-256　指定草地材质

图 8-257　景观模型及建筑创建完成效果

8.7 完成最终效果

8.7.1 添加绿化

01 放大视图至行道树处，通过【组件】面板合并树木模型，如图 8-258 与图 8-259 所示。

图 8-258　调整视角至行道树

图 8-259　选择调入行道树组件

02 参考图纸，使用移动复制，快速制作行道树效果，如图 8-260 与图 8-261 所示。

图 8-260　多重移动复制行道树

图 8-261　行道树复制完成效果

03 放大视图至景观大道"树池座凳"处，通过【组件】面板合并树木模型，如图 8-262~图 8-264 所示。

图 8-262　树池座凳当前效果

图 8-263　选择树坛大树组件

04 参考图纸，通过复制完成其他区域树木的布置，如图 8-265 所示。

图 8-264　布置树池树木

图 8-265　参考图纸复制树木

05 重复以上的操作，布置场景各处的树木及灌木模型，如图 8-266~图 8-269 所示。接下来保存场景并添加阴影。

图 8-266　树木绿化布置效果 1

图 8-267　树木绿化布置效果 2

图 8-268　树木绿化布置效果 3

图 8-269　树木绿化布置效果 4

8.7.2 保存场景并添加阴影

01 将视图切换至【透视图】，调整显示样式为"单色"显示，以快速显示调整的阴影效果，如图 8-270 所示。接下来添加阴影细节。

图 8-270　调整为单色显示

图 8-271　创建景观大道与涌泉广场场景

02 通过视图缩放、平移等操作，调整本案例主要景观的节点观察效果，然后新建场景进行保存，如图 8-271~图 8-277 所示。

图 8-272　创建涌泉广场与演绎舞台场景

图 8-273　创建亲水木栈台场景

图 8-274　创建湖岛场景 1

图 8-275　创建湖岛场景 2

图 8-276　创建文化演绎广场场景

图 8-277　创建入口广场场景

03 进入【阴影设置】面板，调整阴影朝向、明暗等细节，然后取消【在地面上】复选框勾选，如图 8-278 所示。

04 确定好阴影效果后，切换回【材质贴图】显示模式，得到如图 8-279 所示的显示效果。

图 8-278　调整阴影效果

图 8-279　返回纹理显示效果

8.7.3 添加人物与景观细节

01 调整场景阴影效果后，为了方便视图平移、旋转等操作，暂时隐藏阴影效果，然后通过【组件】面板，根据景观大道及涌泉广场场景特点调入人物模型，如图 8-280 与图 8-281 所示。

图 8-280　添加树池座凳处人物

图 8-281　添加河岸位置人物

02 景观大道以及涌泉广场人物布置完成后，再通过类似的方式布置车辆及喷水水柱，如图 8-282 与图 8-283 所示。

图 8-282　添加车辆

图 8-283　添加涌泉广场喷水水柱

03 经过以上调整，景观大道及涌泉广场视角效果如图 8-284 所示。

图 8-284　景观大道与涌泉广场完成效果

图 8-285　添加休憩广场人物

04 分别切换至其他保存的视角场景，根据场景特点对应地调入人物、水柱、休闲椅、花草、小船以及车辆模型，完成最终效果，如图 8-285~图 8-301 所示。

图 8-286　添加演绎舞台人物及旱喷水柱　　　　　　　　图 8-287　涌泉广场以及演绎舞台完成效果

图 8-288　添加亲水木栈台处休闲座椅　　　　　　　　图 8-289　添加亲水木栈台处人物

图 8-290　亲水木栈台视角完成效果　　　　　　　　图 8-291　添加景观天桥以及日月岛处人物

图 8-292　添加戏水花池内荷花　　　　　　　　图 8-293　添加湖泊内小船

图 8-294　湖岛角度 1 完成效果

图 8-295　湖岛角度 2 完成效果

图 8-296　添加文化演绎广场处水柱

图 8-297　添加文化演绎广场处人物

图 8-298　文化演绎广场视角完成效果

图 8-299　添加入口广场处人物

图 8-300　添加入口广场处车辆

图 8-301　入口广场视角完成效果

05 所有保存场景细节添加完成后，再显示阴影即可得到最终效果，如图 8-1~图 8-8 所示。